A SUSTENTABILIDADE COMO PARADIGMA

Dados Internacionais de Catalogação na Publicação (CIP)
(Câmara Brasileira do Livro, SP, Brasil)

Freitas, Marcilio de
  A sustentabilidade como paradigma : cultura, ciência e cidadania / Marcílio de Freitas, Marilene Corrêa da Silva Freitas – Petrópolis, RJ : Vozes, 2016.

  Bibliografia
  ISBN 978-85-326-5260-7

  1. Ciência ambiental 2. Cidadania 3. Cultura – Aspectos sociais 4. Desenvolvimento sustentável 5. Desenvolvimento sustentável – Aspectos ambientais 6. Ecologia 7. Meio ambiente 8. Proteção ambiental I. Freitas, Marilene Corrêa da Silva II. Título.

16-03153   CDD-333.7

Índices para catálogo sistemático:
1. Desenvolvimento sustentável : Economia ambiental   333.7

Será o desenvolvimento sustentável o último estágio de opressão do capitalismo?

Marcílio de Freitas
Marilene Corrêa da Silva Freitas

A SUSTENTABILIDADE COMO PARADIGMA
Cultura, ciência e cidadania

EDITORA VOZES

Petrópolis

Qual é a relação do desenvolvimento sustentável conosco? Com o nosso futuro?

© 2016, Editora Vozes Ltda.
Rua Frei Luís, 100
25689-900 Petrópolis, RJ
www.vozes.com.br
Brasil

Todos os direitos reservados. Nenhuma parte desta obra poderá ser reproduzida ou transmitida por qualquer forma e/ou quaisquer meios (eletrônico ou mecânico, incluindo fotocópia e gravação) ou arquivada em qualquer sistema ou banco de dados sem permissão escrita da editora.

Diretor editorial
Frei Antônio Moser

Editores
Aline dos Santos Carneiro
José Maria da Silva
Lídio Peretti
Marilac Loraine Oleniki

Secretário executivo
João Batista Kreuch

Editoração: Flávia Peixoto
Diagramação: Sheilandre Desenv. Gráfico
Capa: Ygor Moretti
Ilustração de capa: © pashabo | Shutterstock

ISBN 978-85-326-5260-7

Editado conforme o novo acordo ortográfico.

Este livro foi composto e impresso pela Editora Vozes Ltda.

Dedicamos este livro aos povos amazônicos, que durante séculos têm resistido à ganância, ao egoísmo e às guerras do homem branco.

Prefácio

Este livro analisa, esclarece e dá novos significados e atributos à noção de sustentabilidade. Essa noção constitui a principal invenção epistemológica do século XXI. Sua incorporação às pautas científicas e tecnológicas, às políticas públicas e aos modelos de desenvolvimento encontra-se em curso, com impactos imediatos nas formas de organização das matrizes produtivas e das sociedades, em âmbito local, regional e internacional. O texto encontra-se organizado em três partes, cada qual com dois capítulos em forma de ensaios. Sua tematização foi concebida a partir de três questões amplas: O que é sustentabilidade e como ela se relaciona conosco? Como integrar a Amazônia ao projeto nacional, numa perspectiva científica e sustentável? De que forma a sustentabilidade nos entrelaça aos processos políticos e econômicos mundiais?

Na primeira parte, "Sustentabilidade e cultura", os autores apresentam o panorama teórico dos fundamentos da cultura ocidental que esclarecem as contradições e as tendências do confronto "natureza x cultura". O estudo centra-se na temática "sustentabilidade" e prioriza sua participação nos processos que movimentam estruturas econômicas, científicas e políticas mundiais. O manuscrito apreende, de forma transdisciplinar, os fundamentos e os mecanismos operacionais da dinâmica da sustentabilidade, assim como suas articulações, mediações e nexos com o passado e o futuro. Dá-se ênfase à análise dos impasses e contradições da cultura ocidental e à apresentação de cenários socioeconômicos imbricados na questão ambiental que reverberam na implantação de modelos sustentáveis, de forma situada e localizada. É mostrado que os modelos de desenvolvimento *standard* predatórios precisam ser substituídos por outros que preservem os ambientes e valorizem os patrimônios físicos e socioculturais das pessoas, das sociedades e das nações. Os indicadores sociais mundiais são apresentados e polemizados enquanto parte do processo de hegemonia e expansão da civilização ocidental; a questão ambiental é problematizada e são esclarecidos os nexos científicos, econômicos e políticos subjacentes à questão ecológica, que fazem do desenvolvimento sustentável a "ideia-força" que articula os locais e as regiões com o mundo. De forma clara e concisa, também são apresentados estudos teóricos e propositivos que ressaltam os problemas e as controvérsias constitutivas dos princípios gerais e dos fundamentos jurídicos dos modelos econômicos ambientais. Reafirma-se a premência em se construir, de forma sistêmica, novas utopias universais para a humanidade.

A segunda parte, "Sustentabilidade e ciência", propõe e organiza os elementos técnicos que constituem a base material dos modelos de desenvolvimento sustentável. Prioriza-se a Amazônia como referência nacional e internacional das práticas sustentáveis. Outras questões-chave são, também, discutidas, tais como: Qual é o papel da Amazônia na política de ciência e tecnologia para o desenvolvimento sustentável do Brasil? Como integrar a Amazônia ao projeto nacional? Os autores mostram que compreender esta especulação conjuntural pressupõe apreender os fundamentos da crise ecológica imbricada no processo civilizatório. São enfatizados os impasses deste processo, considerando: o paradigma da sustentabilidade e suas relações com as políticas públicas; os mecanismos operacionais necessários às ressignificações dos conceitos de cidadania e de desenvolvimento econômico; as modificações que devem ser incorporadas aos novos programas de formação doutoral, direcionando-os ao fortalecimento do desenvolvimento regional e estabelecendo maior eficácia e conectividade nas relações dos institutos e universidades com a sociedade e o mercado; a premência em se implantar programas de ciência e tecnologia vocacionados, fortalecendo o desenvolvimento sustentável situado e localizado; os programas estratégicos que acelerarão a integração socioeconômica da Amazônia ao projeto nacional de forma sustentável; e, finalmente, os elementos de ruptura que se desdobram da relação do processo de mudanças climáticas com as políticas públicas no Brasil e na Amazônia Brasileira. Especula-se também sobre: Qual é o "papel" da sustentabilidade no mundo? Qual é o "papel" do mundo na sustentabilidade? Que desafios as mudanças climáticas põem ao futuro da humanidade? Como o Brasil e a Amazônia se inserem nessa conjuntura histórica. Política, economia, educação, ciência e tecnologia, ordenamento jurídico e relações internacionais são abordados, de forma integrada, no contexto contraditório da sustentabilidade planetária e do desenvolvimento sustentável situado e localizado. Finalmente, numa dimensão multitemática são apresentadas proposições teóricas sobre uma nova concepção estética para o Brasil-Amazônia-Mundo e os seus nexos locais, nacionais e internacionais.

Na última parte do livro, Sustentabilidade e cidadania, os autores analisam as articulações mundiais dos processos políticos, econômicos e científicos com a questão ecológica, nos séculos XX e XXI. São destacados os nexos dos fundamentos das ciências da natureza e da tecnologia com os processos de globalização, e esclarecida a necessidade de se construir matrizes educacionais e filosóficas compromissadas com o futuro do planeta e da humanidade. Os impactos dos megaprocessos econômicos nos projetos nacionais e as limitações metodológicas da educação e das ciências na propositura de solução dos problemas complexos da humanidade são questões também apresentadas neste estudo. São priorizadas as polêmicas e os entraves que dificultam as mudanças estruturantes dos programas de formação científica, assim como as rupturas e as novas institucionalidades educacionais que se encontram em curso. O "papel" das ciências da educação no processo civilizatório é problematizado com propostas de novas abordagens e formas de organização deste importante campo de conhecimento científico. Polemizam-se as estruturas e as tendências dos modelos de desenvolvimento no século XXI e reafirma-se a importância da educação, das artes, da literatura, e da ciência e tecnologia ao futuro da humanidade, numa perspectiva sustentável. Também são analisadas as tendências da educação científica e suas controvérsias. Entremeando todo o livro, de forma contextualizada, são apresentadas diversas polêmicas que o "desenvolvimento sustentável" suscita enquanto entidade política, social, econômica e ecológica.

Manaus, setembro de 2015.

Sumário

Parte I – Sustentabilidade e cultura – Desenvolvimento sustentável e o século XXI: fundamentos e tendências, 13

1 Desenvolvimento sustentável: Brasil-homem-futuro, 15

2 Ecologia e desenvolvimento sustentável: impasses e controvérsias – Eixo condutor, 44

Parte II – Sustentabilidade e ciência – Desenvolvimento sustentável e Amazônia: fundamentos, diretrizes, propostas e compromissos, 61

3 Sustentabilidade e Amazônia: fundamentos e diretrizes – Nova concepção estética de mundo-Brasil: gênese e fundamentos, 63

4 Desenvolvimento sustentável e Amazônia: contradições e propostas – Projeções estéticas da Amazônia, 86

Parte III – Sustentabilidade e cidadania – Desenvolvimento sustentável e cidadania: rupturas e ressonâncias institucionais, 113

5 Desenvolvimento sustentável no século XXI: desafios e compromissos – Centralidades e impasses, 115

6 Educação científica e processos da natureza: disjunções e ressonâncias institucionais – Questões relevantes da Modernidade, 126

Referências, 149

Índice, 157

PARTE I

Sustentabilidade e cultura

Desenvolvimento sustentável
e o século XXI: fundamentos
e tendências

Esta primeira parte do manuscrito apresenta um conjunto de proposições que reafirma a sustentabilidade como eixo-motor de projetos, programas, sistemas e estruturas que movimentam concepções e empreendimentos socioeconômicos e culturais em curso. Natureza e cultura; história e geografia; educação e ciência; sujeito e objeto; singular e universal; economia e sociedade; Amazônia e globalização; e passado e futuro são categorias movimentadas pela sustentabilidade das pessoas, da humanidade, dos artefatos e do planeta, apresentadas no texto de forma entrelaçada entre si. Em linguagem objetiva, são apresentadas análises sobre a natureza da sustentabilidade, os entraves e impasses postos à sua legitimação técnica, e a valorização dos projetos e programas que reafirmam a sua importância ao futuro da humanidade.

Palavras-chave: Sustentabilidade-homem-futuro; cultura universal--sustentabilidade-Modernidade; ciências sociais-economia-ecologia; ciência e tecnologia-Amazônia-processos mundiais.

1

Desenvolvimento sustentável: Brasil-homem-futuro

1.1 Esclarecimentos e contornos

Este capítulo apresenta os fundamentos e os mecanismos operacionais do processo de construção do desenvolvimento sustentável, numa perspectiva humanista e universal. São analisados os principais desafios postos ao desenvolvimento sustentável no século XXI e destacadas várias experiências sustentáveis bem-sucedidas, assim como os problemas suscitados por este tema e sua importância no processo civilizatório.

Os modelos de desenvolvimento implantados nos países centrais durante o século XXI garantiram um alto padrão de qualidade de vida para suas populações. Possibilitaram universalizar os direitos humanos e galvanizar a opinião pública comprometida com o destino da humanidade, pelo menos no plano interno desse conjunto de países. Essas conquistas foram fundamentais à irradiação mundial desses modelos, que têm como pressuposto o lucro e a privatização exacerbados dos processos socioeconômicos e do planeta. Assentados numa matriz industrial estruturada a partir de métodos científicos e tecnológicos que priorizaram a exploração intensiva da natureza, estes modelos de desenvolvimento incrustaram um impasse complexo ao século XXI: a possibilidade de extinção da espécie humana devido à tendência de desestabilização ecológica do planeta. Nesse contexto difuso e polêmico criou-se a noção de desenvolvimento sustentável. Um desenvolvimento econômico idealizado que mobiliza, amplia e movimenta o conjunto de contradições articulado com o confronto "natureza x cultura" (FREITAS et al.; 2013a), e contextualizado às crises do capitalismo emergentes no final do século passado.

Nessa conjuntura, a sustentabilidade da base material deste tipo de desenvolvimento reafirma e valoriza a condição humana, tendo como pressupostos, atributos tais como: interculturalidade; indissociabilidade da cultura com a natureza; controle social sobre os processos vitais de produção, construção e reprodução da vida; educação e inclusão digital como processo de promoção social; educação, ciência, tecnologia, inovação e empreendedorismo como eixos-motores do desenvolvimento social e econômico, e políticas públicas acessíveis a todos.

Quando se planeja o futuro e se faz projeções estéticas do mundo, tem-se a convicção de que os modelos de desenvolvimento socioeconômico dependerão, de forma ponderada, de múltiplas ações inter e pluriculturais, assim como de programas científicos e econômicos sustentáveis em gestação e em curso; experiências inovadoras, integradas às regiões e que fundem elementos socioculturais próprios da "condição humana" aos seus contextos econômicos e ecológicos. Estes cenários políticos, econômicos e sociais têm modificado as relações entre pessoas, instituições e mercado, alterando os modos de organização e produção da humanidade, e as significações dos conceitos de natureza, território e ambiente. Desdobraram-se na construção das sociedades do saber; modelo social e econômico que projeta, em curto prazo, novas e fecundas dimensões geo-históricas para a história universal, a partir dos locais e das regiões (FREITAS, 2009).

As questões articuladas à sustentabilidade, apresentadas em seguida, ilustram feições e modos de existência deste novo quadro mundial.

1.2 Diálogos com a sustentabilidade: Brasil-homem-mundo

A noção de sustentabilidade é difusa e fluida. Ela se encontra em processo de construção e legitimação técnica, em sua identificação e contextualização aos processos socioeconômicos das regiões e dos países. Combater a miséria humana e a depreciação exarcebada da natureza constituem seus principais pressupostos, que têm como base material as estruturas e os programas sustentáveis que gerem inclusão social, emprego e renda, e melhoria de qualidade de vida às pessoas, com preservação ambiental. A ausência de políticas públicas perenes nas regiões e nos países pobres impõe especulações e desafios identificados com a sustentabilidade, tais sejam: Como reorganizar as estruturas econômicas priorizando a implantação de programas de combate às desigualdades sociais mundiais? Como mitigar as mudanças climáticas por meio de políticas públicas integradas às diversidades culturais e éticas mundiais? Como potencializar o papel de regiões estratégicas à estabilidade ecológica e climática do planeta, como "*locus* sustentável" para suas populações? Como minimizar os impactos deletérios das crises econômicas nas políticas públicas de base social, nos países com péssimos indicadores sociais? Como implantar as bases estruturantes das sociedades do saber, articulando-as com os processos sustentáveis? Como perenizar a preservação ambiental e implantar modelos de desenvolvimento sustentável em regiões com maior fragilidade social e ecológica?

Essas questões amplas movimentam a mundialização da sustentabilidade nos processos econômicos, políticos e científicos. É fundamental compreender que a arquitetura e o conteúdo dos conceitos, em geral, também expressam o resultado final do estágio de desenvolvimento da história universal; a fluidez da noção de sustentabilidade ou a falta de elementos materiais ou simbólicos que legitimem e universalizem essa noção suscita reflexões críticas e estudos empíricos sobre sua concretude técnica.

A depreciação socioecológica exacerbada potencializa especulações sobre os sentidos e as operacionalidades dessa noção, em âmbito local e mundial. Destacam-se seis questões estruturantes (FREITAS et al., 2013b), todas relacionadas com a expansão, reprodução e a circulação do capitalismo:

• A primeira é simbólica, e por essa razão é mais complexa. Há ilusão sobre a noção de sustentabilidade, uma vez que os seus mecanismos de operacionalidade não estabelecem "como", "onde" e "quando" romper com a forma clássica de desenvolvimento. Pode-se ficar esperando por uma "coisa" que possivelmente nunca aconteça; corre-se o risco de se construir um modelo socioeconômico estruturalmente inconsistente, sem materialidade política.

• Há incompatibilidade estruturante da noção de sustentabilidade com o conceito de crescimento. Não do crescimento financeiro, mas do crescimento do fluxo de massa e energia. Em médio prazo, isso resultará em privilegiamento do mercado de bens com durabilidade e mudanças na matriz industrial.

• O terceiro problema refere-se à dinâmica do processo de concentração financeira. Os países centrais estão cada vez mais ricos em detrimento do crescente processo de pauperização dos países subdesenvolvidos. No ponto de vista desses países pobres faz-se necessário incorporar elementos próprios da condição humana à noção de sustentabilidade. Com problema adicional: a crescente onda de privatização dos meios de produção conspira contra a ideia de gestão, em longo prazo, das riquezas naturais do planeta.

• A hipocrisia dos governos centrais; a história registra que os discursos desses governos destoam de suas ações práticas. Esses governos não efetivarão experiência, processo ou modelo de desenvolvimento que ponham em risco o estado de bem-estar de seus eleitores e a estabilidade econômica e política de seus países.

- A quinta questão refere-se aos estudos empíricos que mostram que a noção de desenvolvimento sustentável só tem vigência histórica em experiências locais, enquanto política planejada de aproveitamento dos recursos de um território, envolvendo configurações sociais, situações políticas e possibilidades de aplicações de tecnologias disponíveis. A universalização dessas experiências locais, com projeções em escala planetária, é regulada por um objetivo comum negociado: preservação da biodiversidade que por sua vez está associada à diversidade cultural. A existência de condições objetivas para sua plena realização ainda é objeto de polêmicas. A utilização inadequada da biosfera, a mercantilização exacerbada do meio ambiente e do princípio de clonagem e a intensificação do processo de pauperização nos países subdesenvolvidos são fatores que conspiram contra soluções em curto prazo.

- Finalmente, há crescente tensão entre a noção de sustentabilidade e o princípio universal de segurança nacional. O grau de fricção entre estes dois elementos históricos dependerá, fortemente, da evolução dos processos políticos em escala mundial.

Estas seis questões que movimentam as contradições da noção de sustentabilidade nos processos mundiais têm relação direta com o processo de expansão e as formas de concentração, organização, reprodução e circulação do capital, lideradas pelos grupos transnacionais e pelos países centrais.

Ainda não há definição precisa do significado de desenvolvimento sustentável. Em linhas gerais, pode-se situá-lo em dois contextos:

- Numa perspectiva socioeconômica alternativa proposta por Maurice Strong, secretário-geral da Conferência sobre Meio Ambiente do Homem, que se realizou em Estocolmo, de 5 a 6 de junho de 1972. Naquela oportunidade, Maurice conciliou diferentes concepções que relacionavam desenvolvimento e meio ambiente, propondo o termo ecodesenvolvimento. Esse termo caracterizava o desenvolvimento das populações por elas mesmas, utilizando os recursos naturais disponíveis, adaptando-se aos ciclos da natureza e ao ambiente que elas transformam sem destruir. Envolve a planificação participativa, visando ao reequilíbrio dos poderes das marchas do mercado, do Estado e da sociedade civil, conforme o perfil desta última (VIVIEN, 2001, p. 44-47).

- A discussão e os estudos que se seguiram comprovaram que as matrizes industriais e ocupacionais, os "estilos de vida" hegemônicos e as formas de uso e ocupação do planeta produzem a contínua destruição ecológica, com projeção de cenários que preveem a impossibilidade de existência de um ambiente planetário saudável e harmônico para as futuras gerações (BRUNDTLAND, 1992).

Essa conjuntura induziu e contribuiu, de forma entrelaçada às especulações sobre sócio e biodiversidade, para a emergência da noção de desenvolvimento sustentável.

O desenvolvimento sustentável tenta conciliar desenvolvimento econômico e equilíbrio ecológico. Ele não se assenta em fundamentos próprios de concepções filosóficas que alicercem um sistema de pensamento. No limite, pode-se afirmar que a sustentabilidade tem como pressuposto a ideia central de se construir a "modernidade ética", que impeça a destruição do processo de autoafirmação e perenidade humana na Terra. Numa perspectiva que se tenha no horizonte a modernidade ética de inclusão, e não apenas a modernidade técnica. Ética que se edifique como crítica radical à noção de destino, entrelaçando inteligência e liberdade num vínculo virtuoso com o bem. A sustentabilidade não relativiza o conceito de concentração financeira, agente motor da dinâmica do capital, instrumento necessário para potencializar, modular e perenizar os pilares dos processos de desenvolvimento, sustentado ou não. Também não explicita a inclusão do contrato social, instrumento que imprime historicidade ao desenvolvimento. Criar as conexões entre os mecanismos operacionais e as políticas públicas constitui um desafio complexo para os gestores públicos.

A destruição sistemática e em larga escala dos ecossistemas primários mundiais (primários designa as configurações naturais, próprias dos solos, águas e atmosfera que compõem o ecossistema), principalmente durante os períodos coloniais, assim como a intensificação no uso de matrizes tecnológicas poluidoras, constituem contrapontos à noção de desenvolvimento sustentável, que ganhou vigência política no Relatório "Nosso Futuro Comum", aprovado pela Assembleia das Nações Unidas em 1987 (FREITAS et al., 2012a). A Conferência "Rio 92" legitimou politicamente essa concepção de modelo econômico que ainda se encontra em processo de cristalização.

A construção da noção de sustentabilidade incorporou e ampliou as principais contradições do processo civilizatório. Destacamos duas categorias polêmicas: o "estranhamento cultural" e o confronto "natureza x cultura"; categorias que, de forma ponderada e contextualizada, estiveram presentes nos processos de posse e colonização europeus. O estranhamento cultural nega o "outro", e o confronto "natureza x cultura" reduz o caráter conflitivo intrínseco às relações do homem consigo mesmo, com o "outro" e com a natureza, por meio de forças mecânicas e deterministas; de certa forma nega a "história".

O confronto "natureza x cultura" suscita contradições seculares da história universal, em especial as vigentes nos séculos XVIII e XIX. Essas contradições: sujeito e objeto, matéria e espírito, tempo e espaço e necessidade e liberdade ampliaram-se nos séculos XX e XXI, com novos condicionantes decorrentes dos processos de relação do homem com a natureza, e da industrialização, virtualização e ecologização do mundo.

A dinâmica dos processos científicos e econômicos assenta-se no princípio que concebe a natureza como independente do homem, colaborando para cristalizar a concepção na qual a "condição humana" encontra-se submetida e subvertida aos processos de biologização ou naturalização da natureza e à dinâmica de relação do capital com o trabalho. A negação da indivisibilidade da natureza com a cultura contribui à prevalência de estudos sobre o pensamento universal com caráter funcional – o termo indivisibilidade tem conotação de existência recíproca, de fusão existencial intrínseca e entrelaçada a estas duas entidades, homem e natureza.

Por outro lado, a principal contradição do estranhamento cultural é o racismo, problema ainda não resolvido na convivência humana e na diplomacia ocidental.

Estas duas categorizações, em conjunto com o "capitalismo alienado", constituíram os principais agentes do processo de expansão da cultura européia, em particular das matrizes dos modelos de desenvolvimento econômico e científico que se irradiaram pelo planeta. Fundamentos que contribuíram para que política, economia e ciência se colocassem, em longo prazo, a serviço da não sustentabilidade, local e mundial, em todas as escalas.

A construção científica e histórica da sustentabilidade pressupõe que as pessoas movimentam o mundo com suas representações materiais e simbólicas, em todos os lugares e momentos. Semelhantes em suas estruturas mentais, emocionais e físicas, elas buscam felicidade e significados nobres ao seu futuro, em diferentes formas. Práxis que envolve novos compromissos, projetos coletivos e sentido universal à existência humana, na construção do mundo para todos. As diferenças de crenças, línguas e nacionalidades não constituem impedimentos para construção desse processo civilizatório, mas põem problemas novos ao presente e ao futuro comum da humanidade. Potencializar o que nos une e valorizar nossas culturas e relações solidárias na família e na sociedade constituem pressupostos e atributos necessários à construção de um mundo mais equânime e sustentável. Entretanto, a crescente pauperização social e a depreciação ecológica, pondo em risco a futura existência da humanidade, contribuem para agravar diversos problemas estruturais que atingem as sociedades mundiais.

A hegemonia da cultura ocidental resultou em conquistas fantásticas para pequeno grupo de países. O desenvolvimento de suas políticas públicas contribuiu para o alto padrão de qualidade de vida de suas populações. Entretanto, a coerção política e militar, o armamentismo exacerbado, o controle sistemático sobre as instituições multilaterais e os processos econômicos mundiais comprovam a estratégia política desses países em aprisionar e congelar, eternamente, os projetos nacionais dos países pobres às determinações mecânicas que movimentam a economia-mundo, negando a natureza pluriforme do regime democrático.

A reinvenção do capitalismo com novos contornos mundiais, tendo a ecologia como paradigma da Modernidade e a impossibilidade de seu crescimento econômico ilimitado a partir de suas bases estruturantes *standard*, põem elementos novos à sustentabilidade.

Quando se faz a retrospectiva sobre os impasses da humanidade no século XXI, constata-se a existência de nove grandes problemas da Modernidade: racismo, miséria, guerra, desemprego estrutural, destruição ecológica, trabalho infantil, crise moral, consumo de drogas e a Aids. A intervenção de segmentos organizados e das sociedades nacionais desempenhará importante papel na solução e modulação do grau de assimetria desses problemas, ponderando-os e relativizando-os às condições históricas próprias de cada povo.

O "lugar" da sustentabilidade no mundo, assim como o "lugar" do mundo na sustentabilidade, dependem dessa dinâmica social que não pode ser movimentada pelo medo, ódio e negação do "outro". Americanos, africanos, europeus, asiáticos, negros, brancos, amarelos e miscigenações defrontam-se com uma nova perspectiva social: construir e incorporar empreendimentos socioeconômicos à noção de sustentabilidade, numa perspectiva que dignifique e valorize a condição humana.

A pretensão de o Brasil se firmar como principal potência ambiental do século XXI e de a Amazônia em se credenciar como principal centro de desenvolvimento sustentável do planeta põem novos desafios e compromissos institucionais ao poder público nacional. A presença do Brasil na dinâmica da ecologização planetária, no processo de redefinição do princípio de soberania, no estabelecimento do "lugar" das ONGs nas estruturas políticas nacionais e nos fóruns mundiais hegemônicos sobre o novo ordenamento econômico e jurídico ambiental planetário, são predicados que determinarão seu grau de importância no processo civilizatório no século XXI.

As contribuições da educação, da ciência e da tecnologia deverão acelerar e qualificar este novo constructo civilizatório em direção aos processos sustentáveis.

1.3 Economia, ciência e tecnologia: em direção à sustentabilidade

Assentada em pressupostos racionalistas, as ciências articulam o conceito de natureza com o processo de construção das técnicas, pondo e repondo problemas ao contexto de cada época. A matriz científica ocidental, de natureza mecanicista, também incorporou, aos seus fundamentos, os princípios próprios da "condição humana" e das doutrinas de normatização jurídica e administrativa do direito moderno. A compulsão em produzir e acumular riquezas, de forma exacerbada, tem constituído o agente-motor desse processo; sua expansão e universalização reafirmaram esse quadro. Até porque estes dois fundamentos não se excluem (TODOROV, 1993, p. 10).

As viagens transcontinentais foram fundamentais para reafirmar e legitimar a ciência ocidental. Vasco da Gama, Fernando Magalhães e Cristóvão Colombo comandaram expedições decisivas para comprovar a geometria esférica do planeta, até então aprisionado numa superfície plana. Essas e outras viagens, às bordas da Europa, também tinham a missão de testar, medir e refutar hipóteses, teorias e modelos científicos.

Destacam-se as expedições científicas francesas iniciadas em 1735, lideradas por Maupertius (geômetra e filósofo) e Louis Godin (matemático e astrônomo) com objetivo de construir dados para validar a ciência europeia. Essas duas expedições destinadas à Lapônia (proximidades do Polo Norte) e ao Equador (Quito), em conjunto com outro grupo de cientistas sediados em Paris, desenvolveram amplo programa de medidas científicas, cotejadas entre si, em especial as experiências em mecânica newtoniana, envolvendo teoria gravitacional, propriedades óticas da matéria e mecânica dos fluidos. A cartografia e a exploração da flora, fauna e das riquezas minerais dessas regiões, assim como o estudo e a apropriação dos costumes e tradições dos povos nativos, também faziam parte da pauta científica dessas expedições.

Ênfase às duas obras científicas importantes para a história universal:

• O livro *Matemathical Principles of Natural Philosophy*, de Isaac Newton (1642-1727) e publicado em 1687, que constitui a principal referência para as ciências da natureza, em particular para os programas e projetos referentes à construção de dispositivos e artefatos mecânicos.

• O livro *Origem das espécies*, de Charles Darwin (1809-1882), publicado em 1859, que propôs a Teoria da Evolução das Espécies em termos da seleção, hereditariedade e variação biológicas. As ciências biológicas tiveram papel importante na história universal: o fim da geração espontânea com Pasteur, a pretensão de Darwin em unificar a história natural da vida, e a emergência da hereditariedade na estrutura físico-químico-biológica do DNA proposta por Watson e Crick, imprimiram, definitivamente, novos rumos à história do pensamento universal. A partir desses marcos, a biologia estabeleceu um diálogo incessante e fecundo com outras áreas científicas. Criaram-se também articulações polêmicas e duradouras das pesquisas biológicas com a filosofia, ética, religião e com os processos econômicos e políticos (FREITAS, 2014a). Os inventários florísticos e faunísticos e as ações prospectivas e exploratórias dos especialistas em ciências da natureza nas colônias europeias foram fundamentais à construção desses marcos da história universal.

Exemplo singular é apresentado por Jorge Terena (1996), importante liderança indígena da Amazônia Brasileira, segundo o qual "[...] 68% das sementes usadas na agricultura, que um dia foram manipuladas pelos índios, coletadas e desenvolvidas pelos países em desenvolvimento, estão depositadas em bancos genéticos dos países industrializados ou em Centros de Pesquisas Internacionais de Agricultura (Iarc), bem como 86% da coleção mundial de cultura microbiológica estão depositados nesses países, numa forma clara e acintosa de controle de poder".

A mercantilização exacerbada no uso da tecnologia e do conhecimento científico sobre a natureza, acumulado desde a Modernidade, foi fundamental para se construir este quadro econômico e político.

O século XIX foi palco da cristalização das concepções filosóficas, éticas e políticas imperialistas nas agendas de pesquisas e na história universal. Desde então, desencadeou-se um intenso debate sobre as relações entre: ciências e filosofia; ciências políticas, ideologia e criação filosófica; alcance e contradições das epistemologias e metodologias científicas; natureza e filosofia; natureza e pensamento dialético; vida e natureza; atributos humanos e realidade; unidade, diversidade e diferença; métricas espaçotemporais e matéria; e matéria e suas formas – com as análises críticas decorrentes deste debate sendo permeadas pelo materialismo histórico.

A emergência de microteorias críticas sobre acumulação, expansão, reprodução e circulação do capital contribuiu para ampliar o alcance analítico e explicativo das teorias filosóficas desse período; constitui marco na fusão da história da economia com a política e a filosofia, com impactos diretos nos modelos de desenvolvimento econômico e social.

O fetiche da mercadoria mundializou a cultura ocidental durante os séculos XIX e XX, projetando na humanidade a percepção de natureza que depende da realidade global. Percepção emanada do conjunto de estruturas dinâmicas que, em forma de rede, unifica o planeta enquanto parte do processo civilizatório, pondo suas contradições em destaque numa dimensão planetária (SILVA, 2000).

Há um conflito permanente e estrutural entre economia e política. Os agentes econômicos tentam, compulsivamente, se apropriar dos processos e poderes políticos, e os agentes políticos insistem em alinhar, aprisionar e instrumentalizar os atores e os processos econômicos aos seus projetos e concepções de mundo; contradições que são relativizadas e ponderadas às especificidades culturais. As ciências humanas desempenham papel central neste confronto; contribuem para que a humanidade não fique prisioneira da tirania da economia. Na lógica ocidental, de caráter binário, ela "humaniza" os sistemas econômicos, embora o processo de globalização introduza novas realidades físicas neste confronto, reiterando a hegemonia da economia sobre a política.

Há um pressuposto fundamental para se compreender os nexos dos princípios filosóficos que guiam a construção da ciência e o processo de desenvolvimento socioeconômico dos países centrais. A ciência civiliza-se à medida que possui mecanismos próprios de autocrítica e revisão, e também se encontra submetida ao processo ininterrupto de controle social e crítica da opinião pública. Isso possibilita sua incorporação às políticas públicas e a construção de representações materiais e simbólicas que comprometam, positivamente, suas ações com as diversidades e as pluralidades culturais.

De forma ampla, a estrutura e a arquitetura da cultura universal foram moldadas e refinadas pelos projetos mundiais que alicerçaram o desenvolvimento das artes, literaturas, filosofias, matemáticas, políticas, ciências sociais e exatas, tecnologias e também da ocidentalização planetária.

O processo de globalização constitui a síntese deste novo patamar civilizatório ocidental. A fusão das ciências e das tecnologias às matrizes industriais dos modelos de desenvolvimento dos países ricos constitui um fundamento que reverbera na gênese, métodos e escolhas dos programas e temáticas de pesquisa, em especial naquelas relacionadas com as ciências aplicadas.

A macroeconomia revitalizada com a megaprodução e a circulação da mercadoria virtual, e movimentada pelos programas científicos e tecnológicos, induziu os elementos necessários à emergência desse novo ciclo econômico, com tendências de homogeneização cultural, reestruturação e permeabilidade dos estados nacionais ao grande capital, hiperacumulação e mobilidade do capital, desigualdade social exacerbada e a questão ecológica enquanto processo civilizatório.

Neste cenário, o processo de produção de fatos em laboratórios científicos constitui um fundamento importante do capitalismo. Em ambientes complexos e sofisticados, a atividade científica, mediada por forças produtivas, desencadeia uma luta obstinada para construir a realidade, conceber e produzir novas hipóteses, metodologias e produtos. A credibilidade dos atores de pesquisa científica e as estratégias de difusão e *marketing* de novos produtos são também elementos essenciais para legitimar os discursos políticos e econômicos, em escalas locais e planetárias.

Caso paradigmático é o que se refere ao desenvolvimento da biologia. Constata-se que o processo de hiperacumulação capitalista soldou, definitivamente, às agendas científicas e econômicas, o controle sobre o processo de clonagem da vida e as especulações sobre a depreciação ecológica do planeta.

As controvérsias suscitadas pela questão social na tradição do pensamento crítico constituem outra ilustração singular. Louis Marmoz (1984) aplica a noção de pauperização na análise dos processos de produção e reprodução da sociedade capitalista e na análise dos processos associados à educação e à problemática do ensino. Analisa, também, como a noção de pauperização adquire força demonstrativa da eficácia do ensino na França, em particular, e no mundo, em geral, construindo elementos para se compreender questões do tipo: Quais são as relações entre pauperização e educação? Em que medida a noção de pauperização, enquanto categoria de análise, esclarece o papel da educação na problemática social do capitalismo? Como e em que alcance os processos educacionais que operacionalizam as formas ocidentais de ensino se associam às questões estruturais dos programas de organização e desenvolvimento da sociedade capitalista e da sociabilidade burguesa?

Pode-se afirmar que a educação expressa, em grande medida, a dimensão especial e privilegiada de compreensão da questão social contemporânea, que também abarca a sustentabilidade de processos, sistemas e estruturas socioeconômicas e ambientais.

A problemática ecológica, enquanto processo de produção, construção e reprodução da vida, encontra-se entrelaçada a essas questões complexas, que podem ser sintetizadas na construção de cinco novos contratos mundiais: o político; a consolidação da democracia participativa como sistema político universal; o natural; o social; e, finalmente, o contrato ético pluricultural (FREITAS & FREITAS, 2014b).

Natureza e cultura; história e geografia; família e sujeito; economia e políticas públicas; educação e cidadania, singular e universal; guerra e paz; ciência e religião; mudanças climáticas e ecologia; Amazônia e globalização (SILVA CORRÊA, 2013); e passado e futuro são categorias que movimentam esses contratos centrados em diálogos institucionais, políticas públicas e compromissos coletivos. Contratos que também permeiam a sustentabilidade das pessoas, das famílias, da humanidade e do planeta. De forma ampla, esses contratos intervêm nos impasses da humanidade e valorizam os atributos humanos dirigidos à construção da paz e do mundo melhor para todos. Propõem soluções mais definitivas ao combate das desigualdades sociais regionais e mundiais.

Para ilustrar, são apresentados alguns indicadores socioeconômicos mundiais, sistematizados a partir de fontes oficiais. A síntese desses indicadores referentes ao ano de 2000 é emblemática: 1,3 bilhão de pessoas não têm acesso a água potável; mais de 5 milhões de pessoas morrem anualmente devido às doenças provocadas pela água imprópria ao consumo; 1 bilhão de pessoas habitam em moradias precárias; 100 milhões não têm moradia; 790 milhões de pessoas passam fome e não dispõem de segurança alimentar; 2 bilhões de pessoas estão anêmicas com insuficiência alimentar; 35 mil crianças morrem diariamente por carências alimentares; 880 milhões não têm acesso aos serviços de saúde; 2,6 bilhões não têm saneamento básico e 2 bilhões não têm acesso à eletricidade. A morbidez desse quadro intensifica-se quando se considera que: 1,2 bilhão de pessoas vivem com menos de 1 dólar por dia; 1 bilhão de pessoas não podem satisfazer suas necessidades básicas de consumo; mais de 850 milhões são analfabetas; 27% das crianças em idade escolar não estudam por falta de escola, das quais 260 milhões não têm acesso à educação primária; 145 milhões de pessoas vivem fora de seus países; 900 milhões são subempregadas; 150 milhões estão desempregadas e 250 milhões de crianças em idade escolar estão trabalhando (FREITAS, 2002). Esse é o quadro social forjado e cristalizado pelo processo de globalização, liderado pelos conglomerados econômicos e pela hegemonia política dos países desenvolvidos do mundo ocidental, em especial pelos Estados Unidos da América. Em nível mundial, 86% do consumo privado total é privilégio de 20% da população humana (UNESCO, 2000, 2005), e os 15 principais países exportadores em 2000, liderados pelos Estados Unidos da América do Norte (12,3%), foram responsáveis por 71,8% das exportações mundiais realizadas nesse ano.

Nesse mesmo período, as trocas comerciais mundiais totalizaram 7,621 trilhões de dólares, o equivalente a 30% do Produto Interno Bruto Mundial (BILAN DU MONDE, 2002, p. 14). Em 2010, a China passou a liderar esse *ranking* mundial, tornando-se o principal país exportador e poluidor do mundo, com o produto interno bruto dos sete países mais ricos totalizando US$ 40,34 trilhões. Em ordem decrescente, Estados Unidos da América (US$ 14,62 trilhões), China (US$ 10,08 trilhões), Japão (US$ 4,31 trilhões), Índia (US$ 4,00 trilhões), Alemanha (US$ 2,93 trilhões), Rússia (US$ 2,22 trilhões) e Brasil (US$ 2,18 trilhões) constituem atualmente os países mais ricos do mundo com programas sociais que poderão reverter, até 2050, este quadro perverso (cf. FMI, projeções e estimativas de relatórios referentes a 2008 e 2009).

Esse substrato socioeconômico que constituiu a base material dos modelos de desenvolvimento sustentáveis durante a última década, o alto grau de incerteza política e as contínuas crises econômicas mundiais ainda põem contornos imprevisíveis ao futuro da humanidade, em especial em suas relações com os processos sustentáveis.

Constata-se que os paradigmas da ciência enquanto agente de promoção social entre os diferentes povos, da economia enquanto mecanismo de desenvolvimento físico e humano integrado e aliado às aspirações mundiais de prosperidade e alteridade, e da política enquanto processo de construção do mundo mais livre, solidário, fraterno e humano, estão definitivamente postos em xeque. O mundo nunca esteve tão entrelaçado em sua dinâmica socioeconômica e compartimentado em seu humanismo civilizatório. A sustentabilidade dos processos econômicos jamais exibiu configuração social tão trágica.

Hours (2002, p. 294-295) ressalta três aspectos da história do processo de expansão do capitalismo, relacionados à noção de sustentabilidade:

• As antigas políticas de desenvolvimento provocaram grande dilapidamento dos recursos naturais do planeta, considerando que os processos de pilhagens colonialistas não se preocuparam em fazer planejamento sistêmico voltado à reposição, manutenção e conservação dos estoques e melhoramento desses recursos. Nessa conjuntura, a criação e a difusão da noção de desenvolvimento sustentável pelos governos hegemônicos e os atores econômicos introduziram a ilusão de ruptura política e econômica com a matriz desse tipo de desenvolvimento, sem explicitar seus mecanismos de transição ou de ruptura com os processos e os mecanismos não sustentáveis. Nesse contexto, o conceito de desenvolvimento sustentável é também desprovido de sentido. No limite, mantida a atual correlação de forças políticas em âmbito mundial, pode-se dizer que se pretende desenvolver um processo de pilhagem ordenado, sistemático e global dos recursos naturais, ao contrário da pilhagem desordenada, típica dos anos de 70 e 80 do século passado.

• A emergência desse "ator ideológico planetário" constitui uma nova forma de regulação global pelas instituições multilaterais, na qual esses agentes políticos acabam legitimando a hipocrisia e a falsa moral humanitária do processo civilizatório. Há chantagem ideológica na proposta de desenvolvimento sustentável, a fluidez dessa noção exige contínuas postergações de decisões de caráter estrutural, e corrobora para o desenvolvimento da dialética de apropriação/expropriação em termos de direitos, bens, terras, usos e disponibilidade de bens públicos globais para melhor exploração dos pobres. O desenvolvimento sustentável aparece hoje como o estado final de pilhagem do mundo ou de seus habitantes, ou, numa versão positiva, como a "saudável exploração comercial da natureza e da espécie humana".

• A utilização da noção de desenvolvimento sustentável enquanto instrumento de integração global tensiona, em intensidades diferentes, contradições, dentre as quais se destacam: a total submissão dos processos políticos aos processos econômicos; o desejo das pessoas dos países desenvolvidos em não mudarem os seus padrões de vida, eliminando o consumismo exacerbado e assumindo o compromisso de maior preservação ecológica; o crescente desnível científico e tecnológico entre países ricos e pobres; a cristalização do controle das redes de comunicação e informação pela elite financeira mundial; a crescente desconexão entre os mecanismos operacionais difusos do desenvolvimento sustentável e as demandas sociais das populações despossuídas de cidadania; o acirramento na disputa entre os países da Alca, liderados pelos Estados Unidos, a Comunidade Europeia, Japão, China, Brasil, Índia e a Rússia por maior inserção econômica mundial; o crescimento da desigualdade social mundial e a total falta de controle do homem sobre seu destino.

Nessa conjuntura, embora a questão ecológica contribua para politizar os processos econômicos, ela também poderá potencializar e eternizar a miséria no planeta num processo de reorganização das forças produtivas e das ciências e tecnologias, reféns dos interesses do mercado. O controle social desempenhará um papel central na democratização deste processo. Caso singular refere-se às contribuições das instituições multilaterais à cristalização desta conformação geo-histórica mundial e às suas estratégias para incorporar a noção de sustentabilidade às suas políticas de educação, ciência e cultura. A invenção e consolidação de instituições multilaterais do porte da ONU e da Unesco, logo após a Segunda Guerra Mundial, demarcou uma nova divisão geopolítica mundial, reafirmando a hegemonia política ocidental e os contornos dos futuros megacenários econômicos e culturais vigentes a partir do final do século XX.

Temas como: segurança e paz; cultura e educação; ciência, tecnologia e desenvolvimento sustentável; energia atômica e direito internacional; comércio e cooperação internacional; trabalho e direitos humanos; agricultura e saúde; desenvolvimento econômico e social e cidadania; meio ambiente e depreciação ecológica; políticas públicas e inovações tecnológicas e finanças internacionais e regiões remotas (Antártida, o espaço e os mares) constituem os fundamentos das agendas mundiais dessas instituições multilaterais. Sob a maestria desses fóruns políticos, desencadeou-se e manteve-se o acelerado processo de *marketing* e institucionalização dos nexos globais da nova ordem econômica e política em direção à sustentabilidade planetária.

O Fundo Monetário Internacional (FMI) e o Banco Mundial, instituições também gestadas no período pós-guerra, de forma crescente e sistêmica, impuseram ao Ocidente um processo de disciplina fiscal e normatização econômica alinhado à política de privatização planetária. Estudos recentes referenciados pela ONU mostram que a integração econômica mundial, assentada nesta premissa e articulada pela matriz industrial e tecnológica baseada no uso de combustíveis fósseis, possibilitou o crescimento da economia mundial de US$ 2 trilhões em 1965 para US$ 28 trilhões em 1995, e mais de US$ 71,83 trilhões em 2012, apesar do processo de agravamento das desigualdades sociais.

O crescimento econômico designa a variação do Produto Interno Bruto (PIB), ou seja, a quantidade de riqueza (bens de serviços) produzida por um país, ao curso de certo período (trimestre ou ano). Nesse sentido, crescimento não resulta necessariamente em melhoria da qualidade de vida. Vários anos de crescimento podem ser acompanhados pelo aumento da desigualdade social. O crescimento pode traduzir-se em mais inflação e importação, resultando em aumento do *deficit* comercial. Os economistas chamam de crescimento "equilibrado" aquele que satisfaz condições de criação de emprego, baixo nível de inflação, orçamento e balanço comercial equilibrado (SCIENCES HUMAINES, 2000). A crescente dissociação entre os estudos e os mecanismos operacionais da economia e a ética contribui para agravar esse quadro social.

Amartya Sen (2001) ressalta que "[...] A economia possui duas origens, ambas associadas à política, mas de forma diferente: a que se interessa pela "ética", e outra que pode ser chamada de "mecanicista". Esta perspectiva "mecanicista" está próxima do estudo da economia proveniente da análise da arte de governar vista sob o ângulo das técnicas postas em prática [...]".

Constata-se que a economia moderna concentra-se, sobretudo, em questões técnicas e mecânicas, com as sociais sendo tratadas de forma reducionista. Os procedimentos que analisam as necessidades e as motivações humanas privilegiam a concepção mecanicista, embora o incrustamento da questão ecológica aos processos econômicos potencialize a tradição ética da economia e contribua à emergência de análises econômicas permeadas pela filosofia moral.

As instituições multilaterais assumiram o gerenciamento político dos resultados práticos da ciência e tecnologia no processo de industrialização e na economia, nos séculos XX e XXI. Liderados pelos governos dos países centrais, os modelos de desenvolvimento *standard* universalizaram-se, globalizando e ameaçando o equilíbrio ecológico do planeta. Induziram novas demandas de consumo e intensificaram as desigualdades sociais entre os povos, com o seguinte agravante: a ameaça de extermínio de vida no planeta, antes uma metáfora bíblica, tornou-se realidade factível.

A Unesco e as demais instituições internacionais associadas que promovem a educação, a ciência e a cultura já engendraram definitivamente a noção de sustentabilidade às concepções e arquiteturas das matrizes de suas políticas culturais mundiais. Em geral, os consensos dos participantes desses fóruns projetam as tendências científicas, econômicas e políticas de forma fragmentada e como desdobramento de relações de causa e efeito. As civilizações, os povos, as sociedades, e a educação de forma ampla, ciências, artes, éticas, economias, políticas, religiões e as ecologias, são tratados de forma estanque e considerados "encaixes" do carrossel financeiro que nos aprisiona num campo de força, cuja intensidade se molda às circunstâncias historicamente postas pelos agentes financeiros, conglomerados econômicos e pelos governos hegemônicos.

No limite, os mesmos fundamentos capitalistas, lógicos e históricos, sobre os quais se assentam a determinação estrutural dos atuais cenários de exploração, acumulação, reprodução e circulação do capital, continuam movimentando pautas, agendas e acordos locais, nacionais, continentais e mundiais projetados para o século XXI. Incrustada e permeando essa contradição política, a questão ecológica impõe-se como eixo central dessa nova conformação geopolítica planetária.

1.4 Metamorfoses da sustentabilidade

As matrizes dos modelos de desenvolvimento industrial e tecnológico dos países ricos foram concebidas e implantadas, tendo como fundamento a privatização e o consumo exacerbados e o uso intensivo dos recursos naturais, resultando numa degradação ambiental que põe em risco a perenidade da vida no planeta. Tecnologia nuclear; poluição rural e urbana; chuvas ácidas e efeito estufa; inadequado uso das águas, solos e atmosfera; e possibilidades de desequilíbrios dos ciclos de calor, hidrológico e dos ciclos biogeoquímicos são problemas que afetam as dinâmicas sociais e os ciclos econômicos de todos os povos.

Dominique Bourg (2002) enfatiza que essa conjuntura ecológica apresenta quatro características originais:

• O seu alcance planetário que dificulta sua gestão política.

• A invisibilidade e a intangibilidade de dimensões dos problemas ecológicos, como a destruição da camada de ozônio que não é diretamente acessível aos sentidos humanos. O aumento do efeito estufa, a poluição nuclear e as contaminações químicas dos animais e vegetais são problemas com impactos diretos na natureza e nos processos sociais e econômicos mundiais. A ciência tem mediado essas questões ecológicas com a sociedade, entretanto, a grande inércia temporal dos problemas ambientais, assim como as incertezas e a falta de acurácia dos modelos analíticos utilizados nas pesquisas ambientais, dificultam prognósticos científicos mais consistentes e abrangentes, gerando dúvidas e descrenças na sociedade sobre suas dimensões e gravidades. Parte significativa da sociedade global parece acreditar na possibilidade de se construir solução similar a uma "vacina" ou a um "antídoto", que possa imunizar o planeta contra a depreciação ecológica. Comporta-se como se não fizesse parte do problema.

• A terceira característica relaciona-se à falta de controle e a imprevisibilidade sobre vários problemas ambientais gerados pelos processos industriais em épocas remotas, como nos casos da destruição da camada de ozônio pelos clorofluorcarbonatos, do efeito estufa devido ao CO_2, e do câncer devido ao amianto, problema parcialmente resolvido na França e longe de ser solucionado nos países pobres.

• Finalmente, Bourg ressalta que o pragmatismo político não prioriza os problemas ambientais que têm soluções em longo prazo devido ao pequeno retorno eleitoral deste tipo de iniciativa.

Os atores sociais, que articulam a questão ecológica aos processos econômicos e políticos, ainda não conseguiram criar as condições históricas necessárias à mobilização de amplo movimento social, capaz de coordenar, liderar, induzir e construir soluções integradas e comprometidas com o futuro do planeta, eliminando todas as fontes, já comprovadas, de risco ambiental. A mudança das matrizes industriais constitui o principal obstáculo à incorporação da ecologia, de forma estruturante, aos projetos nacionais dos países centrais, numa centralidade política que privilegie a condição humana.

Há ainda o agravante de que os lugares estratégicos para o equilíbrio ecológico do planeta localizam-se em regiões tropicais em crescente processo de pauperização. Na perspectiva capitalista, esse quadro dificulta a construção de soluções duradouras. As projeções mostram que 98% da população mundial iletrada encontram-se nos países subdesenvolvidos. Em geral, os problemas próprios da miséria humana se somam: constantes imigrações, analfabetismo, altas taxas de natalidade e desemprego, desnutrição crônica, ausências de saúde e lazer, desestruturações familiar e comunitária, marginalidade, problemas de afetividade e ausência de cidadania, são problemas sociais típicos de ampla parcela das populações desses países e que contribuem para a não sustentabilidade do planeta.

A miséria humana continua sendo considerada como se se tratasse de escolha e não de relação, de processo de construção social. Historicamente, o mercado e as políticas liberais dos governos nacionais reproduzem e recriam a miséria em intensidades e velocidades que melhor atendam seus interesses específicos.

Para Loïc Wacquant, "[...] Ferramenta de luta contra a pobreza, a força pública transformou-se em máquina de guerra contra os pobres". O crescimento da pobreza e das desigualdades sociais conspira contra a construção de uma solução harmônica e duradoura para deter a depreciação ecológica mundial.

A matriz energética mundial agrava a questão ambiental. As estimativas indicam crescimento de 50% no uso mundial de energia no período de 1993 a 2010, com agravamento dos problemas ambientais, todos eles encadeados entre si, em particular do efeito estufa – fenômeno associado ao aquecimento terrestre – resultante das emissões do dióxido de carbono. Estudos referenciados em 1990 indicam que 97% do CO_2 emitido pelos países ocidentais industrializados é proveniente da queima de carvão, óleo e gás para obter energia, e atender às necessidades sociais de 25% da população mundial que moram nesses países ricos. Nesse mesmo período, essa mesma população consumiu cerca de 80% da energia produzida no planeta.

As fontes de emissão de CO_2, devido à queima de combustíveis fósseis, distribuem-se entre o aquecimento residencial e setor de serviços (15%), transporte (27%), energia industrial em geral (57%) e outros (1%). As queimadas e desmatamentos nas regiões tropicais, em particular no continente africano, Sudeste Asiático e na Bacia Amazônica constituem fonte adicional, cujas emissões têm aumentado sistematicamente (FREITAS, 2004). As consequências dessas projeções ao futuro da humanidade ainda são imprevisíveis.

As companhias petrolíferas e os países emergentes priorizam a exploração de suas reservas de combustíveis fósseis; simultaneamente, a indústria automobilística se multiplica, atingindo crescente número de consumidores em todos os continentes do planeta. Em certa medida, a depreciação ecológica do planeta está correlacionada com a matriz energética *standard*, em especial com a emissão de gases de efeito estufa devido ao uso de energia primária – energia retirada diretamente de fontes da natureza, tais como: petróleo, gás natural, carvão mineral, hidráulica, geotérmica, solar, marinha, biomassa etc.

A produção de energia primária no mundo, nesta primeira década do século XXI, ainda apresenta tendência de uso crescente dos combustíveis fósseis, embora a utilização de energia renovável também se manifeste em contínuo crescimento.

O World Energy Council e a Comunidade Europeia confirmam que a matriz produtiva mundial utilizou 77% de energia não renovável (petróleo,

32,5%; carvão, 26,5%; gás natural, 18%) e 23% de energia renovável (energia nuclear, 5%, hidroeletricidade, 6%, biomassa, 11,5%, eólica e solar e geotérmica, 0,5%) na década passada. Período no qual o crescimento médio anual mundial na produção de energia primária – a partir do petróleo, gás natural, carvão e eletricidade – foi da ordem de 1,4 % (WORLD ENERGY COUNCIL, 2001).

Nesse quadro mundial, em ordem, Estados Unidos, Rússia e China destacam-se como os maiores produtores mundiais de energia primária, seguidos por Arábia Saudita e Canadá. Juntos, esses países produzem 47,3% da energia primária mundial, 39% pelos três primeiros e 8,3% pelos dois últimos. Por outro lado, Estados Unidos, China e Rússia são os maiores consumidores de energia do mundo com 41%, seguidos por Japão e Alemanha com 9,8%, totalizando 50,8% do consumo mundial. Estimativas indicam que a China liderará esse processo até 2020.

De forma ampla, constata-se que a maioria das regiões mundiais apresenta aumento de consumo e produção de combustível fóssil, com tendência de agravamento do efeito estufa devido ao crescimento das emissões de CO_2. As projeções indicam que em 2020 o Brasil consumirá 2,75% da energia mundial, contribuindo com 2,2% das emissões totais de CO_2.

A mudança do perfil da atual matriz energética mundial constitui um dos pressupostos à estabilização climática e ecológica do planeta; o ritmo de sua realização é questão eminentemente política que precisa ser exercitada com mais ousadia e determinação pelos governos.

O mercado também tem papel estratégico nesse processo mundial. Constatam-se várias tendências dos processos econômicos nesta conjuntura ecológica internacional, conforme apresentado em seguida.

Parte significativa do desenvolvimento dos conglomerados econômicos dos países ricos continua sendo subvencionada pelos países pobres e, simultaneamente, pondo em risco a sustentabilidade ambiental do planeta. Constituem exemplos desse processo: as pilhagens no período colonial; a exploração intensiva, a custos aviltantes, com a destruição dos recursos naturais (fósseis, minerais, florestais, recursos marinhos e o patrimônio genético) que continua depreciando as condições de vida das populações desses países colonizados; as condições desiguais do comércio mundial que privilegiam a exportação de mercadorias, sem considerar os impactos sociais gerados pela extração intensiva dos recursos naturais ou pela produção de bens duráveis; a expropriação intelectual e o uso dos conhecimentos tradicionais dos povos nativos pela agroindústria e biotecnologia, sem o pagamento dos direitos intelectuais; a destruição de grandes faixas de terras e fontes de água pela agricultura intensiva, com parte da produção sendo exportada com preços subavaliados, com ameaças à segurança alimentar e aos valores culturais dos povos nativos; o agravamento da poluição atmosférica com destaque ao efeito estufa e à destruição da camada de ozônio; e finalmente, a construção de armas nucleares e substâncias químicas que põem a humanidade em risco.

O *marketing* intensivo da questão ambiental em prol do lucro e da privatização do planeta também já foi incorporado às pautas dos conglomerados econômicos: selo verde, certificação ambiental, economia de baixo carbono, energia renovável, biocombustível, mecanismos de desenvolvimento limpo, ecoturismo, produtos biodegradáveis e educação ambiental são dimensões econômicas que movimentam o mercado e as dinâmicas das sociedades modernas. Cresce a pressão social para os conglomerados econômicos serem responsabilizados pelas poluições advindas da comercialização de seus produtos industrializados; cristaliza-se a tendência de modificações radicais nas relações do mercado com o Estado e com a sociedade no processo de eliminação das poluições.

A crescente inserção econômica da China, Índia e Brasil no mercado internacional põe elementos novos nesse quadro geopolítico. O papel estratégico das biodiversidades e das políticas ambientais mundiais nessa nova ordem global é paradigmático e reforça essa geopolítica.

O inventário sobre a biodiversidade mundial projeta que já foram identificadas cerca 1,75 milhão de espécies na Terra, das quais 4.500 de animais; 10.000 de pássaros; 1.500 de anfíbios e de répteis; 22.000 de peixes; 27.000 de plantas; 70.000 de fungos; 5.000 de vírus; 4.000 de bactérias; 400.000 espécies de invertebrados, sem incluir os insetos; 960.000 de insetos, dos quais, cerca de 600.000 são besouros (DALLMEIR, 2000). E os especialistas especulam que estas projeções representam menos de 10% do número de espécies existentes no planeta, maioria nos oceanos e em regiões tropicais, com mais de 50% delas na Amazônia Pan-americana, na África Central, no sudeste da Ásia e parte da Austrália.

E com o seguinte agravante: a contínua ocupação desordenada e o uso inadequado das regiões tropicais têm provocado a perda de floresta numa taxa em torno de 0,8 a 2,0% ao ano. Para essa projeção, os especialistas estimam uma perda de até 16 milhões de populações genéticas por ano; em outra forma, a perda de uma população em cada 2 segundos. Em termos de espécies, prevê-se a perda de 27.000 espécies por ano, ou uma espécie em cada 20 minutos. Estima-se, em escala mundial, que 654 espécies vegetais e 484 espécies animais, das quais 58 espécies de mamíferos e 115 espécies de pássaros, desapareceram após o início do século XVII (DALLMEIR, 2000).

A despeito das atuais políticas de proteção da natureza, o processo de deterioração da biodiversidade mundial agrava-se em velocidade crescente. Destacam-se como principais causas: o inadequado uso dos solos e das águas; a superexploração comercial de algumas espécies; a introdução de espécies predatórias em determinados ecossistemas; as crescentes poluições dos solos, das águas e da atmosfera; a intensificação da agricultura de mercado; o reordenamento dos territórios numa perspectiva econômica e as mudanças climáticas globais.

Outros fatores também contribuem para esse processo, entre os quais: o acelerado crescimento demográfico; as políticas de desenvolvimento econômico não adaptadas e não integradas às realidades ambientais e às realidades culturais locais e regionais; a não regulamentação dos direitos de acesso aos recursos naturais; e a insuficiência de conhecimentos científicos sobre as dinâmicas ecológicas regionais e mundiais.

As grandes dimensões dos desmatamentos e queimadas em regiões tropicais desempenham papel relevante ao agravamento desse quadro preocupante.

Ciente da desestruturação jurídica e política da maioria dos estados nacionais que detêm as principais reservas mundiais de biodiversidade, o mercado antecipa-se e apropria-se dos conhecimentos tradicionais para acelerar as pesquisas biotecnológicas. Novos materiais, serviços ambientais, produtos alimentícios, cosméticos e biofármacos constituem prioridades desses conglomerados econômicos que constroem os alicerces e as plataformas das bioindústrias e biofábricas do século XXI.

O desenvolvimento de novas metodologias e inovações tecnológicas adaptadas aos processos industriais nos trópicos úmidos, também, constitui prioridade dos grupos econômicos transnacionais envolvidos com mecanismos de desenvolvimento limpo e com a economia verde em grande escala.

O uso sustentável da natureza suscita discursos que compreendem diferentes espectros ideológicos: do mais radical ao mais permeável. Destacam-se: as grandes ONGs que defendem proteção rigorosa à natureza, com criação de reservas naturais; rigor e agilidade nas aplicações das leis e códigos ambientais; melhor aproveitamento dos recursos renováveis e eficiente monitoramento às espécies animais e vegetais ameaçadas de extinção. Contrapondo-se às ONGs, grupos econômicos transnacionais aliados aos governos liberais e diversos atores econômicos locais e regionais propugnam o uso flexível e amplo dos recursos da natureza.

O processo de concentração e reprodução do capital abarca desde a circulação global da mercadoria virtual até o capital natural, incluindo solos, águas, atmosfera e todos seus componentes, biológicos ou não. As dimensões planetárias da questão ecológica e dos serviços ambientais prestados pelos biomas do planeta, em particular pela Amazônia Pan-americana, sudeste da Ásia e África Central, constituem um conjunto de interesses econômicos e políticos que articulam regiões, países, continentes e fóruns mundiais.

Os ciclos do carbono, ozônio, nitrogênio, fósforo, hidrológico e do calor são dimensões dos serviços ambientais associadas às estabilidades termodinâmica, química e climática do planeta, que mobilizam políticas ambientais dos estados nacionais e das organizações internacionais compromissadas com o mercado e o futuro ecológico da humanidade. Também neste cenário, a incorporação de mais-valia aos processos e produtos sustentáveis tem importância singular.

As projeções econômicas dos serviços ambientais, em dimensão planetária, já ultrapassam a soma dos produtos internos brutos dos nove países mais ricos do planeta, US$ 46 trilhões (WWW.WORLDBANK.COM 2012). Contraditoriamente, as populações das regiões tropicais, que possuem os principais ecossistemas mundiais, encontram-se submetidas a um crescente processo de pauperização. Essas regiões que, juntas, possuem mais de 60% da biodiversidade mundial, transformaram-se em laboratórios de pesquisas ecológicas e de experiências de modelos de desenvolvimento sustentável.

Os registros oficiais comprovam intenso e crescente envolvimento das organizações não governamentais com as questões ambientais em regiões tropicais. Educação e monitoramento ambiental, desenvolvimento de novas tecnologias e assistência técnica e social às populações rurais, conservação e administração de recursos naturais, fiscalização ambiental e mobilização da opinião pública, ecoturismo e pesquisa ecológica são temas que, necessariamente, compõem a agenda dessas organizações mundiais.

As políticas de pesquisas sobre biodiversidade nessas regiões assentam-se em três eixos: na relação entre os processos de transporte de massa e energia em ecossistemas tropicais e a dinâmica da biodiversidade; na preservação e restauração da biodiversidade; e nos valores econômicos e sociais da biodiversidade.

Em geral, esses programas prevêm manejo integrado de ecossistemas; conservação dos recursos genéticos e monitoramento dos ciclos biogeoquímicos; conservação e recuperação de recursos da fauna; recuperação de áreas degradadas por meio de sistemas agroflorestais e outras matrizes produtivas; manejo e utilização de vegetações secundárias; manejo de produtos madeireiros e não madeireiros; integridade de bacias hidrográficas, manutenção de ecossistemas aquáticos e de seus recursos; qualidade da água; limnologia (biologia de organismos aquáticos e ecologia de peixes); etnobiologia e representações sociais; pesca e piscicultura; ecologia da paisagem e mudanças climáticas.

As questões da biotecnologia e do efeito estufa tensionam a nova ordem econômica mundial; a participação e liderança do Brasil neste processo constitui referência mundial importante, que reverbera em sua pretensão em implantar políticas públicas sustentáveis.

Na perspectiva do mercado, a questão do efeito estufa constitui o principal problema ecológico do mundo contemporâneo. Os desdobramentos desse efeito provocado pela intensificação da concentração do dióxido de carbono (CO_2) na atmosfera terrestre – produzido pela queima de combustíveis fósseis, o manejo e o desmatamento de novas áreas de ocupação – já foram incorporados às pautas diplomáticas de todos os estados nacionais.

O contínuo crescimento da concentração de CO_2 na atmosfera terrestre, em ordem de 270-290ppmv (1ppmv de CO_2 representa uma parte de CO_2 por um milhão de partes de ar) a 350ppmv, da era industrial (1750-1800) aos dias atuais, ainda constitui uma tendência. Na última década do século XX, os países desenvolvidos lideravam as emissões desse gás, com os Estados Unidos (27%), a Federação Russa (13%), o Japão (6,4%) e a Alemanha (5,5%) contribuindo com 51,9% das emissões globais em 1990 (LA ROVERE, 1999).

Embora a contribuição dos Estados Unidos ao efeito estufa aumente progressivamente, seu governo continua não ratificando os principais acordos internacionais sobre o controle mundial de emissão de CO_2.

O Intergovernmental Panel on Climate Change (IPCC) confirma que em 1990 foram, efetivamente, emitidos 7,4 bilhões de toneladas de CO_2 para a atmosfera terrestre. Os ecossistemas amazônicos participam desse processo comportando-se como "gigantescos aspiradores de ar", com absorção de 250-500 milhões de toneladas desse gás por ano (NOBRE et al., 1996, p. 577-596), para efeito fotossintético. Essa condição da Amazônia colaborou para reafirmar sua importância geopolítica na agenda ambiental mundial.

O Protocolo de Quioto, formalizado em 1997, previu que as nações mais industrializadas do mundo eliminariam 5,2% a quantidade de emissões de gases de efeito estufa até 2012, em especial as do CO_2, tendo como referência o grau de emissões de 1990. Os Estados Unidos resistiram e boicotaram, sistematicamente, esse acordo, sob o argumento de impacto negativo em sua economia globalizada e em processo de recessão. Em 2006, Bush, presidente dos Estados Unidos, previu que o cumprimento do acordo de Quioto implicaria um custo de US$ 400 bilhões ao seu país e perda de 4,9 milhões de empregos com impactos recessivos em suas matrizes ocupacionais e industriais. Em dezembro de 2009, durante sua participação na Conferência do Clima em Copenhague, o Presidente Barack Obama reafirmou a determinação dos Estados Unidos em não assumir compromissos imediatos com a fixação de metas de redução dos gases de efeito estufa, criando impasses para o estabelecimento da política mundial contra o aquecimento global. O estabelecimento de mecanismos operacionais mundiais para a redução desses gases foi novamente postergado ao futuro, com o Protocolo de Quioto se pondo, ainda, como a principal referência para esse processo de discussão.

A inserção do Brasil nesse fórum de debates precisa ser esclarecida. Num quadro mundial, o Brasil tem baixa contribuição ao efeito estufa, segundo registros da Energy Information Administration of the United States, de 2005, e do Balanço Energético Nacional.

Miranda (WWW.BRASILATUAL.COM.BR 2012) apresenta que, em 2005, as emissões absolutas totais de CO_2, de origem fóssil e em âmbito mundial, totalizaram 28 bilhões de toneladas. Os Estados Unidos emitiram 5,957 bilhões de toneladas (21%), seguidos pela China com 5,323 bilhões (19%), Rússia com 1,696 bilhão (5,6%) e Japão com 1,230 bilhão (4,4%); juntos, esses países são responsáveis por 50% das emissões mundiais. Nesse mesmo ano, a Índia emitiu 1,166 bilhão (4%), enquanto o Brasil ocupava a 18ª posição com 360 milhões de toneladas (1,3%), após Alemanha, Canadá, Inglaterra, Coreia do Sul, Itália, África do Sul, França, Austrália, México e outros países.

As tendências mostram que até o final desta década a China será o principal país exportador de bens; será, também, o maior emissor mundial de CO_2.

Os Estados Unidos também lideram a emissão de CO_2 por habitante/ano com total de 20,14t, perdendo apenas para Qatar (62,15t), Emirados Árabes (33,7t) e Austrália (20,24t). Destaque ao Canadá (19,24t), Rússia (11,88t), Alemanha (10,24t) e Holanda (16,43t), que é o país europeu com maior grau de emissão por habitante. Na América Latina, a Venezuela (5,99t), Chile (4,14t), México (3,75t) e Argentina (3,71t) lideram esse tipo de emissão.

Nesse *ranking*, cada brasileiro emite 1,9t de CO_2 por habitante/ano, 12 vezes menos que os norte-americanos, 4 vezes menos que os europeus, 3 vezes menos que os venezuelanos e metade da média mundial; ocupamos a 87ª posição no mundo.

Continuando, Miranda (WWW.BRASILATUAL.COM.BR 2012) também afirma que o Brasil tem pequena participação no processo de emissões de CO_2/km^2/ano; ele emite 42,38t, enquanto o Canadá emite 63,73t; a China 569,95t; os Estados Unidos 630,32t; a Alemanha 2.370,54t; o Japão 3.298,12t; a Bélgica 4.455,77t; a Coreia do Sul 5.080,71t; e a Holanda 7.597,62t de CO_2/km^2/ano. O Brasil ocupa a 96ª posição mundial nesse *ranking*.

Nas emissões por PIB, a China (0,63) lidera seguida pela Holanda (0,62) e Canadá (0,61), com o Brasil ocupando a 108ª posição mundial.

A inclusão das emissões de CO_2 devido aos desmatamentos e às queimadas, em âmbito mundial, é muito difícil e controversa por causa das incertezas e erros nessas medidas, dificultando a classificação dos países, em especial do Brasil. Ampliar os bancos de dados e aperfeiçoar as metodologias de medidas e análises, em especial dos sistemas de monitoramento contínuo e das técnicas aeroespaciais, contribuirá para diminuir esses erros e incertezas na detecção desse tipo de fluxo de gás.

O reordenamento socioeconômico das áreas urbanas e rurais do planeta e o melhor planejamento do uso e ocupação das regiões tropicais têm sido destaque no processo de mitigação desse gás de efeito estufa.

Os ambientalistas radicais classificam o Brasil na 4ª posição mundial no processo de emissão de CO_2, com inclusão de contribuições devido aos desmatamentos e às queimadas. Essa projeção é muito improvável, por três razões principais:

• Não há controle mundial sobre desmatamentos e queimadas; países continentais como os Estados Unidos, Austrália, Índia e China, dentre outros, também possuem forte processo de degradação ambiental dessa natureza.

• O Brasil ainda não dispõe de metodologia de medida e avaliação criteriosa do total de CO_2 emitido anualmente devido ao desmatamento.

• Não há consenso sobre a metodologia padrão para estimar, por exemplo, a madeira industrializada das áreas desmatadas, as florestas queimadas, os reflorestamentos e a recuperação de áreas degradadas nas diversas regiões do mundo.

Portanto, a ausência de cartografias e inventários florestais mundiais, precisos e detalhados, contribui para a presença de grandes erros e incertezas nas estimativas das emissões dessa natureza, gerando inconsistências técnicas nas avaliações do processo de produção de poluições em grande escala. A falta de transparência e os interesses imediatistas dos grupos de pesquisa e das instituições envolvidas com essa questão confundem a opinião pública, dificultando a implantação de medidas corretivas.

O bom posicionamento do Brasil neste quadro geral deve-se ao fato de que 46,4% de sua matriz energética é renovável para a média mundial de 13,9%, com a agricultura brasileira sendo responsável por 28,5% da produção dessa energia renovável.

Promover campanhas educativas; institucionalizar programas de educação ambiental, em todos os níveis escolares; estabelecer mecanismos de desenvolvimento limpos; implantar processos de certificação ambiental e consolidar a cultura ecológica centrada nas proteções da cidadania e dos ambientes são determinantes para construir o processo civilizatório comprometido com o futuro da humanidade e do planeta. O que não elimina a contínua e necessária ação pública, coletiva e individual, com a preservação ambiental imediata.

A intensificação do efeito estufa na primeira década do século XXI mobilizou diferentes atores sociais, econômicos e políticos para a 15ª Conferência das Nações Unidas sobre Mudança do Clima, realizada em Copenhague no período de 12 a 19 de dezembro de 2009. Setores influentes da opinião pública mundial e organizações ambientais criaram uma expectativa exacerbada, gerando frustração às pessoas, às instituições, em especial aos governos dos países pobres. Os governos das 192 nações representadas nessa Conferência não construíram consenso político e técnico sobre o Acordo Mundial de Mitigação de Gases de Efeito Estufa. Sem esse consenso, o "Acordo de Copenhague" (2009) apresentou resultados, compromissos e metas abaixo das projeções quantitativas necessárias à manutenção da estabilidade termodinâmica do planeta neste século.

Na ocasião, os países desenvolvidos comprometeram-se em doar US$ 30 bilhões, nos três anos seguintes, ao Fundo de Financiamento de Programas Contra o Aquecimento Global; esse valor que seria desembolsado até 2012 – US$ 10 bilhões por ano – era menor do que o valor que o Brasil assumiu gastar, US$ 16 bilhões por ano, para atingir sua meta voluntária em reduzir as emissões de gases de efeito estufa de 36,1% a 38,9%, até 2020. A proposta também previa que, durante 2010-2012, os Estados Unidos contribuiriam com US$ 3,6 bilhões, Japão com US$ 11 bilhões e União Europeia com US$ 10,6 bilhões (ONU, 2009).

Esses países também apresentaram uma proposta para reduzir até 20% das emissões de CO_2 até 2020, projeção muito abaixo da recomendada pelo "Painel Intergovernamental sobre Mudanças Climáticas" (IPCC), que sugere uma redução entre 25 e 40%. O acordo prevê o desembolso de US$ 100 bilhões por ano, a partir de 2020, para programas de mitigação de gases de efeito estufa, conservação ambiental e proteção social e econômica dos países mais vulneráveis aos impactos das mudanças climáticas. Desse total, os Estados Unidos, União Europeia e Japão contribuirão com US$ 25,2 bilhões.

De forma difusa e sem fixação de diretrizes e metas, o documento-base desse acordo apresenta o comprometimento dos países desenvolvidos em cortar 80% de suas emissões de gases de efeito estufa até 2050, condição limite para que o crescimento do aquecimento médio do planeta não ultrapasse 2°C, limite de crescimento da temperatura atmosférica que provocará grandes impactos na vida humana e no planeta.

Entre outros compromissos previstos no acordo dessa Conferência (ONU, 2009), merecem destaque:

- Seu caráter não vinculativo; proposta anexa ao documento-base reivindicava o acordo vinculante até 2010.

- O desejo (difuso) dos países desenvolvidos em mobilizar inovações tecnológicas e processos de gestão de combate ao efeito estufa, assim como dos países, em geral, disponibilizar e compartilhar informações nacionais sobre os métodos e os programas de combate ao aquecimento global, por meio de consultas internacionais e análises feitas conforme padrões claramente definidos (cf. anexos do acordo).

- Reconhecimento da importância em reduzir as emissões produzidas pelo desmatamento e pela degradação das florestas e a previsão em se promover incentivos para financiar ações de preservação e conservação desses biomas com recursos dos países desenvolvidos, ação que fortalece e reafirma a importância geopolítica dos países tropicais, em especial da Amazônia.

- Finalmente, o acordo prevê o fortalecimento do mercado de carbono, incluindo as oportunidades de usar esses mercados para melhorar a relação custo-rendimento e promover ações de mitigação.

As mudanças estruturais necessárias à estabilização climática do planeta, novamente, foram postergadas às gerações futuras. Os países industrializados, principais poluidores do planeta, negam-se a construir uma política pública mundial que proteja o futuro da espécie humana e do planeta. Estados Unidos, China, União Europeia e Japão, majoritariamente, contribuíram nesse acordo para que a sustentabilidade ecológica do planeta continue sendo uma ilusão. O estabelecimento de diretrizes e metas de mitigação objetivas foi, outra vez, postergado ao futuro com muitas incertezas e imprevisibilidades.

A cartografia do ciclo do carbono indica que atualmente a atmosfera terrestre armazena 750 bilhões de toneladas de CO_2, das quais 575 bilhões de toneladas foram emitidas no período pré-industrial. Há 560 bilhões de toneladas de carbono estocada na biomassa (todos os vegetais) do planeta, uma parcela de 4.000 bilhões de toneladas de carbono nos estoques de carvão e petróleo recuperáveis, e a quantidade de 5.000 a 10.000 bilhões de toneladas de carbono em combustíveis fósseis potencialmente recuperáveis.

Mantidos os atuais modelos de desenvolvimento econômico e as matrizes energéticas *standard*, o uso exacerbado das fontes de produção de CO_2 disponíveis constitui grande obstáculo à construção da política de preservação ambiental em âmbito mundial.

Outra polêmica mundial refere-se à crescente apropriação dos processos de organização e diferenciação biológica, em escala molecular, pela indústria de biotecnologia. O pleno controle sobre clonagens, animal e vegetal, o desenvolvimento de produtos transgênicos e o amplo domínio sobre os processos de construção da vida constituem metas empresariais de diversos conglomerados transnacionais desse setor. A possibilidade de transformação da vida em *commodities* incorporou-se aos mercados e aos centros financeiros. Cria-se a possibilidade do homem controlar sua própria evolução, podendo não somente conservar a espécie em sua integridade, mas também melhorá-la e transformá-la conforme seu próprio projeto.

O progresso contínuo das técnicas de leituras e medidas microscópicas, a disponibilidade de matéria-prima na natureza e a crescente apropriação e expropriação dos conhecimentos dos povos indígenas e das populações tradicionais pela indústria biotecnológica acelerarão e anteciparão a consolidação desse mercado que já movimenta cifras na ordem de centenas de bilhões de dólares.

Os investimentos na farmacologia crescem continuamente, atingindo atualmente 24% do faturamento bruto das empresas, cerca de US$ 300 bilhões (CALIXTO, 2000, p. 36-43), cenário que, também, reafirma a importância geopolítica da Amazônia.

Em 2000, os Estados Unidos da América e o Canadá dominavam a pesquisa e a inovação dos processos biotecnológicos; 76 e 7% das indústrias biotecnológicas eram norte-americanas ou canadenses, respectivamente (BILAN DU MONDE, 2002). Altos investimentos da Comunidade Europeia e da China, na última década, tendem a equilibrar esse quadro, a despeito das últimas crises econômicas mundiais.

Os estudos fronteiriços entre química, biologia, biofísica e bioquímica, mediados pela ética, também põem problemas complexos, de grande alcance filosófico e histórico, ao processo de construção do desenvolvimento sustentável. O Princípio de Responsabilidade, segundo Jonas, exige compatibilizar os efeitos dessas ações do homem com a existência de vida autenticamente humana no planeta (JONAS, 1990, p. 31-56).

A intervenção revolucionária do homem sobre a natureza e os processos matriciais da vida constituem elementos determinantes à construção da sustentabilidade da humanidade e do planeta. Nas próximas duas décadas, os nexos da ecologia com o desenvolvimento sustentável serão qualificados e incorporados em processos e produtos que movimentarão os mecanismos de desenvolvimento limpos e as novas matrizes industriais não poluentes.

Com a seguinte incerteza política: similar ao passado, os processos científicos e tecnológicos tipificados como revolucionários podem ampliar as disparidades socioeconômicas entre os povos, criando novos modos de dominação e alienação.

As novas formas de organização das sociedades, das matrizes industriais e do mercado terão papel estratégico nesse processo durante o século XXI.

2

Ecologia e desenvolvimento sustentável: impasses e controvérsias

Eixo condutor

O mundo sofreu modificações radicais durante o século XX. A concentração de pessoas nas cidades, a industrialização intensiva dos países, a inserção da mulher no mercado de trabalho, e o uso depreciativo dos recursos naturais constituem características marcantes desse processo histórico, também palco de duas guerras mundiais.

As matrizes industriais baseadas no uso intensivo dos combustíveis fósseis, a privatização exacerbada do planeta, a ocupação desordenada do solo e dos ambientes naturais, a intervenção não controlada nos ciclos da natureza, o desmatamento de grandes áreas tropicais, as poluições das águas, solos e atmosfera do planeta, o consumismo compulsivo das sociedades dos países desenvolvidos e a falta de compromisso político dos governos hegemônicos com o futuro da humanidade são fatores que também contribuem à realização de um novo reordenamento socioeconômico e ambiental do planeta, dirigido à proteção da vida.

Conjuntura que acelerou a implantação de políticas ambientais de alcance regional e mundial, assentadas no paradigma do desenvolvimento sustentável. Posto em outra forma, os atores econômicos, políticos e científicos articulam-se entre si para resgatar e hegemonizar a concepção universal assentada na ideia de ambiente-mundo, cujo contexto é o destino da humanidade conforme o pensamento iluminista do século XVIII, que se propõe em tornar eterno e invencível o homem-natureza-cultura, num mundo marcado por grandes desigualdades sociais e transformado num mercado de consumo globalizado e alienado.

Como a ecologia se insere nesse novo quadro civilizatório? Essa questão constitui o fio condutor de uma nova concepção e inserção do homem no mundo contemporâneo.

2.1 Desenvolvimento sustentável: fundamentos e proposituras

O desenvolvimento sustentável, no limite, constrói estratégias, métodos e mecanismos que se propõem conciliar desenvolvimento econômico com estabilidade ecológica, numa dimensão compartilhada. Propõe, também, valorizar o saber tradicional, integrando-o ao conhecimento científico e tecnológico numa perspectiva ética que se irradia do singular ao universal, do local ao mundial. Entretanto, essa ética apresenta problemas com a mundialização da cultura técnica e científica. A ciência moderna supõe, metodologicamente, distinção entre fato e valor, e se reconhece como eticamente neutra, permanecendo numa relação estritamente extrínseca à esfera do bem.

E com um problema adicional: a linguagem analítica do conhecimento científico, que legitima e movimenta os processos tecnológicos que têm conexões com o uso da natureza, está alicerçada em leis de conservação que descrevem fluxos de energia e matéria associados com as transformações das diferentes entidades físico-químico-biológicas que compõem suas configurações (da natureza). A presença imanente da irreversibilidade nesses processos de transformações refuta a possibilidade científica de existência de sustentabilidade nos mesmos.

No campo tecnológico e ambiental, a operacionalidade técnica desta noção, em escala mundial, exige substituir a matriz energética *standard* como prioridade central. Impõe também relativizar e melhor distribuir a concentração financeira mundial, agente motor da economia de mercado, instrumento necessário para construir, modular e perenizar os pilares dos processos de desenvolvimento, sustentado ou não. A noção de sustentabilidade também não explicita a necessária inclusão do contrato social, dispositivo jurídico que imprime historicidade ao desenvolvimento.

A construção de uma nova gênese civilizatória, ecumênica, assentada num processo de humanização multicultural e integrada às solidariedades étnicas e políticas mundiais, constitui uma referência emblemática para imbricar a ecologia no desenvolvimento, e vice-versa, criando as condições técnicas e políticas necessárias à emergência da sustentabilidade social, econômica e ambiental.

Empreendimento que exige a interrupção dos processos de destruição ecológica e de crescimento da miséria no planeta, e que apresenta dificuldades, entre as quais:

• Resistência dos grupos econômicos transnacionais hegemônicos.

• Falta de determinação política dos governos dos países industrializados.

- Altos custos financeiros para implantar uma matriz industrial não poluidora.

- Dificuldade em se operacionalizar uma ação conjunta dos governos hegemônicos na construção do princípio de responsabilidade, compatibilizando os interesses econômicos em curso e os compromissos humanísticos mundiais.

- Péssimas configurações socioeconômicas na maioria dos países, com tendência em reforçar a emergência e a cristalização de governos clientelistas e autoritários. A crescente dificuldade de acesso às políticas públicas por parte de suas populações, em contínua expansão demográfica, favorece a emergência desses cenários políticos, com desdobramentos imprevisíveis na implantação de programas voltados à manutenção do equilíbrio ecológico do planeta. Projeções do Banco Mundial estimam que um investimento de 5% das despesas totais, pelos governos dos países em desenvolvimento, reduziria o número de crianças subnutridas dos atuais 166 milhões a 94 milhões em 2020, em âmbito mundial. Estabelecem ainda que, se persistir o atual quadro político, mais de 500 milhões de pessoas não terão acesso seguro e contínuo à alimentação básica, e 130 milhões de crianças na faixa pré-escolar viverão em condições de subnutrição nas periferias dos países subdesenvolvidos, nesse mesmo ano (WORLD BANK, 23/08/2001).

- Ausência de democracia, corrupção institucionalizada, desrespeito aos direitos humanos, manipulação política, controle sobre a mídia, acordos espúrios e ausência de sociedade civil organizada na maioria dos países subdesenvolvidos, contribuem para cristalizar esse quadro de dificuldades.

A solução dessas controvérsias exige medidas institucionais amplas e duradouras, compromissadas com a concepção civilizatória assentada na sustentabilidade do planeta e na perenidade da humanidade.

Destaque aos programas dirigidos para institucionalizar concepções políticas compromissadas com as diversidades culturais e raciais, diferenças e desigualdades sociais, tolerância e com a generosidade; e para planejar e implantar políticas de educação, em todos os níveis, contextualizadas e integradas ao desenvolvimento econômico, humano e solidário.

As tendências dos sistemas educacionais atuais que têm como pressupostos o princípio de "competitividade" e o "imperativo financeiro" precisam ser revertidas em prol de outra tendência assentada na "equidade" – equidade é a noção que abarca pessoas, comunidades, povos e nações, e que se entrelaça às diversidades sociais e ao direito de autodeterminação, potencializando instrumentos políticos e econômicos próprios e necessários a cada modelo de desenvolvimento.

Refiro-me ao princípio enunciado por Martin Carnoy (1999), que classifica as reformas de ensino, no contexto da mundialização da cultura, da seguinte forma:

• A reforma referenciada na competitividade, que tem como paradigmas a evolução da demanda de qualificação em função das necessidades do mercado de trabalho nacional e internacional, e as inovações da organização da produção de resultados escolares e da competência profissional. Essa reforma tem como eixos a descentralização, as normas educativas e a gestão nacional dos meios educativos.

• A reforma referenciada nos imperativos financeiros que se fundamenta na redução do volume do *deficit* público e na transferência do controle das fontes nacionais do Estado ao setor privado, incluindo os investimentos em educação. Essa reforma é permeada por forte componente privatista e de redução das despesas públicas de educação.

• A reforma referenciada na equidade que se encontra assentada no pressuposto de igualdade e da educação de qualidade. Essa tendência reserva especial atenção às mulheres e às minorias e reforça os programas educacionais especiais, em especial a preocupação com a construção da paz e o futuro da humanidade e do planeta, elementos imprescindíveis à implantação de modelos de desenvolvimento sustentáveis.

O financiamento da educação e do ensino público, gratuitos e com qualidade em todos os níveis, devem ser assumidos como conquista coletiva e direito universal, e por essa razão não podem ficar submetidos à regulação do mercado. Os financiamentos públicos das políticas de educação precisam ser imediatamente ampliados, de forma diferenciada, estabelecendo metas nacionais e internacionais que pressionem os países, em especial os mais pobres, para que fortaleçam seus sistemas de educação de forma compatível com suas necessidades, com seu *deficit* educacional e com os novos desafios da Modernidade.

As guerras constituem obstáculos à construção do mundo sustentável. As ações terroristas ampliam a instabilidade política internacional agravando esse quadro. Os cenários mundiais que se projetam ao futuro, definitivamente, contaminados pela ameaça "bioterrorista" e intransigência política e religiosa, aumentam as dificuldades de os atuais fóruns diplomáticos e multilaterais mediarem, com a rapidez necessária, uma solução sistêmica, duradoura e estável para esse tipo de crise da humanidade. Essa crise é global, com as questões locais podendo desencadear cenários políticos imprevisíveis. As guerras desencadeadas na Síria e em processo de emergência na Ucrânia ilustram a imprevisibilidade política mundial.

A tragédia no dia "11 de setembro de 2001" constitui um marco na história da humanidade ao referenciar o terrorismo internacional como um dos grandes estigmas desta nova era – 11 de setembro, dia do atentado terrorista que matou 3.025 pessoas no World Trade Center, em Nova York, inaugurando uma nova fase do confronto Ocidente-Oriente. O custo total da destruição física e dos efeitos econômicos produzidos nos ataques terroristas em Nova York e em Washington é avaliado em 115 bilhões de dólares, sendo 32 bilhões para a indústria de seguros (BILAN DU MONDE, 2002, p. 10-11). A perda de vidas de inocentes e as falhas estruturais no sistema de segurança dos Estados Unidos provocaram impactos na geopolítica mundial. Velhos fantasmas da humanidade renasceram: o controle sobre as seguranças individual, coletiva e mundial; o confronto Ocidente-Oriente e a imprevisibilidade dos ataques terroristas.

Os movimentos terroristas mudaram suas estratégias e métodos. As estruturas rígidas e hierarquizadas desses grupos durante os anos de 1970 e 1980 foram substituídas por articulações horizontais, em forma de redes, tendo como objetivo central o extermínio em massa. A vulnerabilidade dos países desenvolvidos às ações terroristas em razão de suas estruturas organizativas, tais como: grandes concentrações urbanas; transporte intensivo de pessoas e gestões de serviços essenciais como as redes de produção e distribuição de eletricidade e água, colaboraram para o fortalecimento do discurso belicoso.

Conjuntura política que reforça a tese conservadora e reacionária sobre a necessidade de se desenvolver novas tecnologias para aplicações militares e para asseguramento da segurança nacional e mundial.

A crescente utilização de armas biológicas nos ataques terroristas atemoriza as populações civis desarmadas, contribui para obstaculizar a construção da paz mundial e reforçar as teses militaristas (DELPECH, 2002).

Como é do conhecimento de todos, a guerra é "cega" e "surda", seu compromisso é com a destruição; é a negação do "outro", das diferenças. Constitui, também, obstáculo à sustentabilidade, em todas as suas dimensões, somando-se ao conjunto de impasses postos à humanidade neste quadro de incertezas econômicas e políticas.

O relatório da Organização Mundial do Comércio, que avalia o comércio mundial de mercadorias na primeira década deste século, põe elementos novos nesse quadro (REID et al., 2001). Esse relatório previa incertezas nesse setor para as duas décadas seguintes, tais como: elevados subsídios à produção, políticas governamentais restritivas, recrudescimento de tensões entre setores--chave da economia-mundo, multiplicação da pobreza e o desaceleramento de uso de produtos da informática e da indústria eletroeletrônica. O que faz aumentar a insegurança econômica e política com impactos na matriz ocupacional mundial, agravando este quadro mundial, e comprometendo a implantação de políticas públicas sustentáveis (FREITAS & FREITAS, 2013a).

A ecologização do mundo institucionalizou novas tendências políticas nos fóruns internacionais que problematizam e regulamentam a questão ambiental. A primeira discussão sistêmica sobre a questão ambiental no século XXI foi em Johannesburgo. O esvaziamento político da Cúpula Mundial sobre o desenvolvimento sustentável chamada de "Rio+10" ou de Johannesburgo 2002, ocorrida no período de 26 de agosto a 4 de setembro desse mesmo ano, foi uma importante sinalização das tendências políticas de um grupo de países industrializados, que continua ganhando novos adeptos. Esses países, liderados pelos Estados Unidos, Japão, Canadá, Austrália e Nova Zelândia, formaram um movimento com propósito de transferir a responsabilidade pelas negociações internacionais sobre desenvolvimento sustentável e meio ambiente, das Organizações das Nações Unidas para a Organização Mundial do Comércio, instituição sobre a qual eles têm maior controle e que se encontra mais distante da opinião pública mundial. Desde então, este grupo de países também articula uma estratégia para minimizar as responsabilidades do "Estado" pela depreciação ecológica, pulverizando-as junto às instituições privadas (ONU, 2002).

Nesse fórum internacional, com representantes de 200 países, estabeleceu-se a meta, segundo a qual, até 2015, a proporção de pessoas que ganhavam menos de um dólar por dia seria reduzida à metade. Também se reafirmou o compromisso dos governos com a preservação dos recursos do planeta para as futuras gerações, priorizando o desenvolvimento sustentável.

Em linhas gerais foram debatidas as seguintes temáticas: erradicação da pobreza; necessidade de mudanças nos padrões atuais de consumo e produção não sustentáveis; proteção e adequado manejo das fontes de recursos naturais que constituem a base do desenvolvimento econômico e social; desenvolvimento sustentável num mundo globalizado; saúde e desenvolvimento sustentável; desenvolvimento sustentável para diversas regiões (África, América Latina e Caribe, Ásia e Pacífico, Europa); formas e estratégias de implantação do desenvolvimento sustentável; e sistemas de referências institucionais para o desenvolvimento sustentável.

Também se estabeleceu o conjunto de medidas de proteção ao futuro da humanidade e do planeta (ONU, 2002), dentre as quais se destacam:

- Até 2015, diminuir pela metade a proporção de pessoas sem acesso ao saneamento básico.

• Construir ações para melhorar o acesso à energia. Não houve acordo sobre objetivos específicos para melhorar a proporção de energia mundial produzida de fontes renováveis "verdes", como solar ou eólica.

• Restaurar os estoques de peixe até 2015, reconhecendo que os oceanos são essenciais para o planeta e fonte crítica de alimentos, especialmente em países pobres.

• Concordou-se que, até 2020, os produtos químicos serão feitos e usados de maneira a minimizar o impacto prejudicial aos humanos e ao ambiente. E que será promovido o adequado gerenciamento do lixo nocivo à saúde humana e ao meio ambiente.

• O acordo da Organização Mundial do Comércio sobre patentes não conseguiu impedir que os países pobres distribuíssem remédios para todos os doentes.

• Reconheceu-se a necessidade de aumento substancial da ajuda aos países pobres, para que os mesmos possam atingir níveis adequados de desenvolvimento.

• Constatou-se que a globalização tem impactos bons e ruins nas diferentes sociedades, com os países pobres enfrentando dificuldades para serem incluídos adequadamente nesse processo.

• O texto final incentiva o comércio, sem ressaltar que as regras da Organização Mundial do Comércio excluem os tratados ambientais globais, o que se considerou como vitória pelos grupos ambientalistas, que temiam que acordos como o Protocolo de Quioto pudessem ser afetados. Os países desenvolvidos assumiram compromisso em diminuir os subsídios que desequilibram o comércio mundial.

• Acertou-se acordo para reduzir, até 2015, a taxa de extinção de animais e plantas raras.

• Reconheceu-se a importância da gestão administrativa eficiente e transparente, nacional e internacional, para promover o desenvolvimento sustentável.

• Concordou-se com a construção de estratégia para preservar os recursos naturais para as gerações futuras a partir de 2005.

• Acertou-se em se estabelecer o fundo de solidariedade, com contribuições voluntárias, para acabar com a pobreza.

• O encontro também reafirmou o princípio de precaução, como eixo de ação na proteção do ambiente; e finalmente,

• Estabeleceu-se o princípio de responsabilidade comum e diferenciada, que reafirma que os países precisam proteger o planeta, mas com os países desenvolvidos responsabilizando-se por maior financiamento.

Esse encontro confirmou a tendência de fragilização política de fóruns dessa natureza, ampliando o impasse na construção de uma solução coletiva e não conflituosa para deter a depreciação ecológica e a pobreza nos países subdesenvolvidos. A imediata implantação de medidas corretivas e preventivas à acelerada degradação ecossocial mundial contrapõe-se aos interesses políticos dos governos dos países industrializados e contraria as estratégias capitalistas de ampla parcela dos conglomerados econômicos transnacionais.

A Conferência de Copenhague, realizada em dezembro de 2009, reafirmou essa tendência condicionando as decisões políticas de impacto à estabilidade econômica dos países desenvolvidos. Emerge nova tendência internacional de se resolver as questões ambientais por meio de blocos de países. As posições radicais da China e dos Estados Unidos em não concordarem com o estabelecimento de metas para a emissão de gases de efeito estufa tendem a se confrontar com os interesses políticos dos demais países. O desdobramento desses confrontos em medidas de boicote e retaliações comerciais são possibilidades não remotas, que serão incorporadas aos fóruns e às relações internacionais dos estados nacionais, num futuro próximo.

2.2 Ecologia, economia e sustentabilidade

A questão ecológica e a noção de sustentabilidade têm articulação direta com os modelos de desenvolvimento dos países centrais, e também do Brasil. É importante fazer breve digressão sobre essa noção. Sua origem está correlacionada com a expansão da hegemonia europeia. A ciência, a religião e a política, associadas à economia, moldaram os processos civilizatórios implantados nas regiões colonizadas; processos que revitalizaram, recriaram e financiaram novas pautas de investigação e abordagens científicas nos países centrais. As ciências da natureza, as ciências da terra, as técnicas, a filosofia e a economia, secularmente, revigoraram-se, agregando aos mercados internacionais novas demandas mercadológicas e novos significados e sentidos de consumo.

Esses processos de colonização foram guiados pela concepção darwiniana de luta pela preservação da vida, desprezando totalmente a coexistência não competitiva e pacífica. Espelhavam-se também na transposição da noção de diversidade biológica para as populações humanas. Noção que permeia o comportamento das espécies biológicas, e segundo a qual os sistemas biológicos adaptam-se às modificações do seu contexto, às perturbações do seu ambiente. De forma ampla, a partir dos anos de 1980, o termo biodiversidade passou a expressar a variedade de organismos existentes no mundo, incluindo sua diversidade genética e os grupos que lhes formam (REID & MILLER, 1989, p. 109).

Escravismo, destribalização, aldeamentos e trabalho forçado são práticas comuns desse período da história da humanidade, que resultou numa sustentabilidade mutilada e transfigurada dos processos econômicos mundiais, à época liderados pelos governos e interesses europeus.

Até a primeira década do século XX, predominavam duas teorias etnográficas de alcance mundial, de matrizes europeias e que se contrapunham entre si nos estudos gerais sobre organização e dinâmica das raças. A Teoria do Meio com seus representantes mais extremados em H. Taine e Tomás Buckle, que atribuía à influência do ambiente todas as diferenças existentes entre os homens e os povos; e a Teoria da Raça, defendida principalmente por Gobineau, que centrava a raça como única origem decisiva das diferenças culturais e etnológicas da humanidade (HABERLANDT, 1929, p. 29-30). As demais vertentes mesclavam elementos dessas teorias, conciliando e harmonizando suas posições mais extremadas. Este é, de forma aproximada, o cenário-síntese da concepção etnográfica que representava e movimentava a ocidentalização planetária, própria dessa época; quadro que conspirava contra sua humanização numa perspectiva sustentável, em longo prazo.

A sustentabilidade exige um processo de ruptura com os modelos de desenvolvimento *standard*. Põe também novas demandas à Modernidade. Destaque ao uso das estruturas e dos métodos organizativos contemporâneos, de natureza administrativa, alicerçados em processos, linguagens e serviços eletrônicos que atendem à crescente demanda voltada à melhoria da qualidade das políticas públicas e à pressão econômica dos gestores do setor privado. Constituem eixos dessas ações as novas interações organizacionais entre: Estado e cidadão; Estado e mercado; setores privados e suas diversas representações que compõem as matrizes ocupacionais locais e mundiais, e entre diferentes instituições do Estado nacional. Movida por fluxos eletrônicos de informações cibernéticas, essa concepção administrativa tende a cristalizar, por intermédio de redes, o individualismo relacional também identificado com a cidadania mundial e comprometido com a ética de futuro, que prioriza a ecologia e a condição humana (UNESCO, 2005, p. 190-191).

O rufar dos tambores, a marcha ao longo de trilhas e caminhos, o deslocamento planejado, em diferentes velocidades, das diligências, barcos, transatlânticos e transportes aéreos, das ondas eletromagnéticas nos telégrafos, telefones, rádios, projeções cinematográficas, redes televisivas e telemáticas, sistemas de radares, sistemas de satélites, modelagens gráficas e correios eletrônicos constituem mecanismos que se incorporaram à história da comunicação mundial, contribuindo para a emergência de teorias e linguagens telecomunicativas articuladas à cultura de massa e compromissadas com o futuro do planeta.

Nanotecnologia, fotônica, robótica, cibernética e biotecnologia reafirmam essa tendência revolucionária, introduzindo novos sistemas de organização tecnológica e matrizes industriais que induziram a emergência das Sociedades de Saber, modelo político e econômico que, também, se encontra assentado em superestruturas de informação e que tem na Amazônia, África e Ásia referências emblemáticas para a construção de estruturas sustentáveis.

Quadro que reforça a importância da educação, da ciência e da tecnologia nesse novo processo civilizatório. Um sistema universal mais hierarquizado e regulamentado com prevalência de processos multi e interculturais nos sistemas políticos, reafirmando a nova feição civilizatória que abarca as contradições entre local e mundial, público e privado, entre direitos nacionais e internacionais e entre interesses gerais e particulares, tensionando os processos de organização jurídica e funcional da infoética emergente nesse contexto da sociedade de informação. Infoética que tem compromissos com equidade, justiça e com a dignidade humana, e que se põe como fundamento no processo de construção de modelos de desenvolvimento sustentável.

Ecoturismo, ecocertificação, ecoenergia, ecorreciclagem, ecotransporte, ecoeducação, ecocomunicação e ecoeconomia são dimensões sociais que permeiam as propostas dos novos modelos de desenvolvimento econômico e humano assentados nos princípios de responsabilidade, de prevenção e de precaução e que têm como pretensão romper com a lógica dominante, referente à expropriação e utilização exacerbadas dos recursos naturais e dos processos da vida.

A presença qualificada do Brasil nos fóruns internacionais sobre meio ambiente constitui uma dimensão política importante ao seu futuro. Sua liderança diplomática nesses fóruns põe novas responsabilidades ao seu processo de desenvolvimento econômico e à sua política de relações exteriores. Sua presença na economia e na dinâmica da ecologização planetária, no processo de redefinição do princípio de soberania, no estabelecimento do papel das ONGs nas estruturas políticas nacionais e internacionais, e nos fóruns mundiais sobre reordenamento jurídico e ambiental, constitui um predicado que reafirmará sua importância no processo civilizatório em curso.

O conhecimento acumulado sobre a relação do capitalismo com o uso e a ocupação dos ambientes naturais e a força-motora dos programas educacionais e da ciência e tecnologia nas políticas públicas constituem elementos importantes na construção de programas sustentáveis. O não alinhamento e a não institucionalização das conquistas das ciências e tecnologias aos projetos nacionais dos países em desenvolvimento constituem entraves à elevação da qualidade de vida de suas populações.

A expulsão de nativos de suas terras, a acelerada degradação ambiental, a concentração e a apropriação fundiária de grandes faixas de terras produtivas, os problemas sociais decorrentes das constantes migrações regionais, a destruição das memórias históricas dos lugares, vilas e das cidades pioneiras e a desumanização dos espaços e projetos de ocupação territorial são características perversas das políticas de desenvolvimento em regiões subdesenvolvidas.

Os modelos de desenvolvimento desses países, em geral, priorizam o extrativismo regional. A reprodução da pobreza dos agentes extratores; a insustentabilidade socioeconômica do extrativismo; a ineficiência e a ineficácia dos métodos próprios dessa prática; a instabilidade e a inconsistência financeira do extrativismo no conjunto das economias regionais e nacionais; a inexistência de estrutura de apoio técnico adequada; as complexas características físico-químico-biológicas das regiões, próprias dos climas, das diversidades biológicas, da fragilidade dos solos, do isolamento social, e a ausência de indústrias de base ou de mercados regionais que agreguem preços de mercado socialmente justo aos produtos extrativistas, conspiram contra essa desastrada e extemporânea ação dos governos desses países que não promovem o apoio adequado ao desenvolvimento das políticas de educação, ciência e tecnologia.

A reprodução dos modelos econômicos dos países desenvolvidos nos países pobres acelera o grau de degradação ambiental num ritmo que contribui para a desestabilização ecológica do planeta; a reversão dessa dimensão política e econômica ainda é razão de muitas controvérsias.

A inserção das instituições de ensino e pesquisa nessa conjuntura é complexa e contraditória. Ela revela de forma dura e cruel as contradições regionais e nacionais em cada região e país. Com o seguinte agravante: em geral, a ausência de projeto político consistente e integrado nesses países pobres desdobra-se à falta de compromisso das principais instituições nacionais de ensino e pesquisa, de natureza pública, com a dinâmica de desenvolvimento voltada aos interesses de seus povos. A universalidade e a originalidade do conhecimento novo e universal são confundidas com as demandas pragmáticas e fragmentadas do mercado mundial. Em nome da universalidade, parcela expressiva dos segmentos científicos nacionais põe-se, de forma subalterna, como refém aos interesses e programas de pesquisas transnacionais e privatistas.

O distanciamento entre as universidades e os institutos de pesquisa, públicos e privados, e as demandas e desafios regionais e nacionais nesses países, cresce em proporção similar às tentativas de suas privatizações e precarizações. Impõe-se a necessidade de se pensar o conjunto dos países subdesenvolvidos como construção histórica de suas populações e instituições. E vale também o reverso, pensar as instituições e as populações desses países como signatárias, herdeiras de um projeto político próprio de nações livres, soberanas e modernas. A ausência de memória histórica e de cultura universal no aparelho formador nas áreas científicas e tecnológicas contribui para cristalizar esse cenário embotado e difuso. A história universal enfatiza a importância das políticas educacionais, em particular das universidades, na construção do processo civilizatório.

A relação da educação com o desenvolvimento sustentável é muito clara: a sustentabilidade encontra-se entrelaçada aos processos que movimentam a vida social e econômica e as relações do homem com a natureza e com seus semelhantes, de forma indissociável. Desse fundamento conclui-se que não existem dois tipos de sustentabilidade: um para os países subdesenvolvidos e outro para os países desenvolvidos, ou um para as pessoas ricas e outro para as pessoas pobres. A principal dimensão da sustentabilidade não se expressa por meio de um produto que possa estar disponibilizado nas prateleiras dos supermercados ou de uma loja de aparelhos eletrônicos; ela constitui um novo atributo da natureza humana, semelhante ao amor, à felicidade, à paz, à solidariedade, à tolerância e também à compreensão. A sustentabilidade, ao contrário do expresso na literatura reducionista, representa atributos da razão e também do coração. Ela é um "bem" universal acessível a todos os povos e um instrumento comprometido com o combate às desigualdades e às inclusões sociais, em todos os lugares e momentos. Por isso, ela encontra-se incrustada às políticas educacionais, principal instrumento de inclusão social, e centrada no tempo breve das necessidades físicas, psíquicas e religiosas das pessoas e, simultaneamente, no tempo longo de preservação das gerações, da humanidade e do planeta.

2.3 Sustentabilidade e processos sociais: nexos e compromissos

Os sentidos e as conotações atribuídas ao conceito de pobreza também conspiram contra os países não desenvolvidos. Os modelos de desenvolvimento *standard* e os procedimentos políticos estabelecidos pelos países hegemônicos nos fóruns internacionais para classificar a pobreza não consideram os critérios de acessibilidade e de capacidade que articulam a condição humana com a noção de sustentabilidade. As definições usuais que opõem pobreza monetária e pobreza de condições de vida, pobreza absoluta e pobreza relativa, pobreza objetiva e pobreza subjetiva, entre outras, não são postas em causa e nem relativizadas nas políticas públicas, em âmbito global. O critério de acessibilidade delimita as condições geo-históricas, econômicas e políticas que possibilitam e impedem – se for o caso – o indivíduo, as comunidades e as populações de usufruírem, no limite, da conjunção de políticas públicas necessárias à vigência da cidadania plena, dando sentido histórico à noção de sustentabilidade. A não acessibilidade implica diretamente a impossibilidade de aquisição das potencialidades indispensáveis à formação das capacidades, deixando as pessoas vulneráveis aos riscos econômicos, sociais e ecológicos, e contribuindo para a secularização da pobreza.

Essa face virtual da sustentabilidade é revigorada pela ação dos modelos econômicos e dos governos hegemônicos em dimensão global. Em geral, esses governos reforçam a ideologização binária, discriminatória e etnocêntrica do tipo: Ocidente-Oriente; Norte-Sul; pobre-rico; desenvolvido-subdesenvolvido; avançado-atrasado, e responsável-irresponsável, típica de processos colonialistas. Esse fundamento contribui para secularização da moral binária na cultura ocidental, favorecendo a emergência de processos de globalização destituídos de dimensões culturais e históricas.

Contradição que fortalece a tese de construção de um governo central, legitimando a regulação mundial assentada no "*ethos* global", que tem no princípio de universalidade dos direitos do homem e no desenvolvimento sustentável suas principais diretrizes.

Essa tese nega que os governos dos países industrializados apoiam e são os principais beneficiários do processo de globalização. Ela também não pondera as determinações econômicas e os interesses sociais que articulam estes mesmos processos de globalização. O que não elimina o mérito de o desenvolvimento sustentável contribuir com a politização planetária das questões ambientais. Isto possibilitou a criação de vínculos mais fortes entre as ciências da natureza e as ciências humanas, a valorização dos programas sociais e a invenção de inovações em gestão e produtos voltados à preservação ambiental. Ampliam-se os programas dirigidos ao mapeamento minucioso sobre as condições de funcionamento dos ecossistemas, submetendo-os à vontade humana por meio do conhecimento científico e do saber tradicional disponível. Os pesquisadores inventam indicadores ecológicos para avaliar, prevenir mudanças e diagnosticar as condições dos ambientes, apresentando informações-chave sobre a estrutura, o funcionamento e a composição do sistema ecológico, embora eles ainda não consigam apreender as suas complexidades.

A institucionalização de mecanismos de contínuo monitoramento desses ecossistemas, medindo as suas tensões naturais e antropogênicas, apesar de se constituir em avanço, não tem sido eficaz como ferramenta de planejamento e administração de políticas públicas. A ausência de uma linguagem sistêmica e integradora que articule os processos da natureza com a cultura, em diferentes escalas, continua sendo o maior problema dessa dimensão da sustentabilidade. Há consenso sobre a necessidade de melhor fundamentação científica e tecnológica nas experiências duradouras de desenvolvimento sustentável.

As prioridades das práticas sustentáveis nos trópicos úmidos incluem ações emergenciais de melhoria de saúde e educação, combinadas às ações de garantia da segurança alimentar, de manejo sustentável de recursos florestais e pesqueiros, além de proteção ambiental. As estratégias são baseadas em enfoques de cadeia produtiva, direcionados para resolver os problemas e os entraves identificados pelos atores sociais e os agentes econômicos envolvidos. Esses desafios são diversos: regularização fundiária, crédito, assistência técnica, tecnologias de produção e gestão apropriadas, infraestrutura de transporte, energia e comunicação, entre outros.

Em geral, o discurso oficial e burocrático projeta o desenvolvimento sustentável numa dimensão essencialmente ecológica, isolando-o da tessitura social. No limite, quando ele imprime historicidade a essa noção, refere-se às "gerações futuras", expressão ambígua e fluida e que se molda a todas as projeções temporais futuras. A pressão de segmentos da sociedade organizada induziu a criação do conceito "socialmente responsável". A operacionalização desse conceito pelas empresas fortaleceu-se por meio do artigo 64 da Lei Sobre as Novas Regulamentações Econômicas (NRE), adotada na Europa, em 15 de maio de 2001, o qual exige das empresas relatórios sistemáticos dando conta das consequências sociais e ambientais de suas atividades.

Essa iniciativa, que se irradiou para outros continentes, diminui os riscos e amplia as contribuições das empresas para o aperfeiçoamento do homem, da sociedade e da preservação ambiental. A falta de mecanismos de controle social sobre as empresas e a possibilidade de redução em seus lucros diminui sua eficácia, embora elas continuem institucionalizando sua regulamentação.

Diversos fatores internos às políticas de desenvolvimento dos países industrializados em conjunto com estratégias de expansão do regime capitalista contrapõem-se ao paradigma do desenvolvimento sustentável. A exportação das indústrias poluidoras para os países periféricos, a imposição de regulamentação ambiental inadequada aos países subdesenvolvidos e a posse e o controle internacional sobre grandes áreas territoriais estratégicas em regiões tropicais constituem exemplos relevantes e contraditórios. A despeito dos avanços da legislação ambiental nos países industrializados, seus governos continuam incentivando a transferência de matrizes industriais poluidoras e de lixos industriais para os países subdesenvolvidos. Esses mesmos governos possuem postura complacente com os níveis de poluição das indústrias transnacionais nos países pobres.

Caso emblemático é o que se refere à intervenção de grupos organizados dos países ricos sobre grandes áreas naturais de países subdesenvolvidos. Em 1987, a ONG americana "Conservation International" comprou, por US$ 100.000,00, o equivalente a US$ 650.000,00 da dívida boliviana, em contrapartida à gestão de um espaço florestal de 135.000 hectares, nesse país. A poderosa WWF, por intermédio de suas filiais americana e suíça, desencadeou operações similares no Equador com o argumento de proteção dos Galápagos e em Madagascar, respectivamente (PELLETIER, 1993, p. 172-179).

A concepção autoritária dessas organizações não considera os aspectos culturais e sociais próprios das populações tradicionais desses territórios. Garantia ao acesso à formação universitária, à proteção de suas culturas e terras, ao uso sustentável e mítico de seus territórios, à solidariedade interétnica e ao acesso e usufruto às políticas públicas básicas de forma diferenciada, conforme seus padrões culturais constituem exemplos de reivindicações legítimas desses povos.

Natureza e cultura, inovações e processos produtivos, economias e serviços ambientais, desmatamento e conservação, relações internacionais e ordenamento jurídico, e territórios e povos são dimensões temáticas que movimentam a organização dos modelos de desenvolvimento sustentável e seus nexos com o processo de construção da vida, em todos os lugares e momentos.

Ilya Prigogine (1996) ressignificou os fundamentos da termodinâmica, área das ciências físicas, para imbricar as ciências da natureza nos processos evolutivos da vida. Com fecundas intervenções científicas, Prigogine especula sobre aspectos até então indecifráveis para as ciências da natureza: entropia, ordem, complexidade, sistema autorreprodutor, natureza, sociedade e evolução são categorias que movimentam os estudos desse eminente cientista, criando novos nexos com os processos que movimentam a vida e os sistemas educacionais.

Nessa mesma tendência, mas com abordagem diferente, o fisiologista francês François Jacob (2002) centrou seus estudos em questões estruturantes sobre os processos organizativos da vida, desvendando características da vida essenciais para se compreender seus processos evolutivos e suas rupturas biológicas.

Esses pressupostos, em conjunto com o deciframento do código genético, após o trabalho pioneiro de descoberta do DNA, por Watson e Crick, em 1953, constituem problemas complexos da ciência contemporânea. Esses pesquisadores identificaram o núcleo das células como "residência" do material genético (DNA) dos organismos vivos. Caracterizaram essa entidade (o DNA) como "guardiã" das informações responsáveis por nossas características biológicas, criando conexões entre passado, presente e futuro biológico, próprio do ser vivo, e construindo possibilidades universais de se obter informações e inferências seguras do todo a partir de parte do mesmo. A descoberta do DNA possibilitou o desenvolvimento teórico e empírico de novos arranjos e padrões de organizações da "vida biológica", com o desvendamento da hereditariedade e a emergência da transgenia. Introduziu novas relações e sentidos históricos entre política-ciência-economia-religião.

A transgenia também revitalizou o principal fundamento da biologia evolucionista, segundo o qual as propriedades do ser vivo não podem ser explicadas somente pelas suas estruturas moleculares, o que impede a redução da biologia às leis da física e da química. Holisticamente é como se o "todo" fosse superior à soma de suas partes – a biologia, em geral, estuda o comportamento dos organismos, as relações entre eles e com os ambientes (LARRÈRE & LARRÈRE, 1997, p. 120-127).

As leis que determinam a preservação e a evolução da vida aparentam ser de outra natureza. O que não constitui impedimento para que a biologia se coloque como campo de conhecimento-chave para explicar as relações entre "espírito" e matéria.

O futuro da ecologia é prisioneiro das pesquisas sobre o desvendamento da origem do homem e dos processos que articulam as manifestações da natureza com a condição humana. Depende também da solução dos graves problemas ambientais do mundo contemporâneo. As respostas para essas questões constituem desafios para os pesquisadores e para os planejadores de políticas públicas e da dinâmica da sustentabilidade no século XXI.

Compreender a complexidade do homem exige não mutilar a condição humana, exige também que as representações simbólicas dos processos da natureza irradiem-se para fora, indo ao encontro e fundindo-se aos fundamentos da cultura mundial. Exige, finalmente, que esses mesmos processos da natureza sejam contornados pelos fundamentos filosóficos, políticos e socioartísticos da cultura universal, a partir do desenvolvimento sustentável, situado e localizado.

Processo que não pode estar isolado das representações simbólicas de natureza humana. Sustentabilidade e felicidade, sustentabilidade e solidariedade, sustentabilidade e fraternidade, sustentabilidade e paz, sustentabilidade e inclusão social, dentre outros, são predicados fundamentais para sua legitimação histórica.

A história registrará o alcance desse novo processo civilizatório que reafirmará a importância do Brasil e da Amazônia na geopolítica mundial. A educação, a ciência e a tecnologia constituem agentes desencadeadores dessa dimensão das políticas públicas, eminentemente política e também humanista, que exige a nacionalização da Amazônia.

PARTE II

Sustentabilidade e ciência

Desenvolvimento sustentável e Amazônia:
fundamentos, diretrizes, propostas
e compromissos

A construção de sua Política de Estado de Ciência, Tecnologia e Inovação (CTI) põe elementos novos às matrizes produtivas e ocupacionais brasileiras. A incorporação do paradigma da sustentabilidade ao processo de desenvolvimento socioeconômico nacional reafirma a necessidade de se reorganizar essa política pública, privilegiando cinco eixos: construir novas abordagens e estratégias institucionais que possibilitem entranhar os benefícios da CTI a todos os brasileiros, em especial aos menos favorecidos; instituir mecanismos operacionais que priorizem programas estruturantes de CTI que abarquem as complexidades e diversidades sociais e econômicas nacionais, integrando-os aos processos de desenvolvimento sustentado, situado e localizado; implantar estruturas institucionais que garantam conectividade e resolutividade aos programas de CTI, no limite, com as políticas públicas básicas: educação e formação doutoral, saúde, transporte, indústria, energia, alimentação, habitação, trabalho, relações internacionais, informação e comunicação, e cultura; criar e coordenar conexões operacionais indutivas e constitutivas da política de CTI com projetos que incorporem competitividade ao mercado, maior integração geo-histórica e ampliação da economia brasileira no cenário mundial; e, finalmente, descentralizar as instituições nacionais de gestão e fomento de CTI, e ampliar sua presença na política brasileira de relações exteriores. A pretensão de o Brasil se firmar como a principal potência ambiental do século XXI e a Amazônia se credenciar como principal centro de desenvolvimento sustentável do planeta ampliam os desafios e os compromissos institucionais à política nacional de CTI. A inserção do Brasil nessa conjuntura só tem expressão e força política a partir da integração regional e nacional da Amazônia, articulada ao seu desenvolvimento sustentável compartilhado, colocando a seguinte questão política: Quem financiará o desenvolvimento da Amazônia?

Palavras-chave: sustentabilidade-educação-sociedade; cultura-globalização-processos políticos; ecologia-transdisciplinaridade-século XXI.

3

Sustentabilidade e Amazônia: fundamentos e diretrizes

Nova concepção estética de mundo-Brasil: gênese e fundamentos

A desigualdade social exacerbada e a crise ecológica no planeta põem uma nova temporalidade histórica e centralidade política mundial à humanidade. Potencializam processos dirigidos à construção de outro mundo onde o homem não continue isolado da natureza, a cultura se movimente fundida à natureza, e as representações subjetivas sejam tão importantes quanto as condições materiais que compõem a vida e a história das pessoas, das comunidades, das sociedades e dos estados nacionais. Uma práxis que tenha como ponto de partida a nossa origem comum, reafirmando a inserção social de forma solidária e responsável com a realidade socioeconômica e com o futuro das localidades, das regiões e da humanidade. Numa dimensão pluricultural e ecumênica que priorize a estabilidade socioecológica do planeta, criando as condições necessárias às mudanças estruturais no seu tecido socioeconômico. Num mundo onde a natureza dos problemas e os problemas da natureza constituam um processo de construção coletiva e compartilhada de suas populações, tendo no Brasil uma referência importante e na cultura o principal constituinte do processo de construção da cidadania. Entretanto, os fundamentos do pensamento ocidental conspiram contra essa nova concepção civilizatória.

* * *

O século XX atribuiu novos significados e sentidos à metacategoria "forma-conteúdo", principal fundamento das linguagens estruturais dos processos civilizatórios. Caudatária de confrontos entre as concepções Platônicas (formas e simetrias) e Aristotélicas (conteúdos e potências), ela se impõe como substrato teórico e empírico das diversas categorias e respectivas composições que quantificam e qualificam a história universal. Historicamente, os mecanismos operacionais dessa metacategoria induziram e incorporaram as sofisticações e as complexidades dos sucessivos processos civilizatórios, rompendo com as representações materiais e simbólicas próprias de cada época, e antecipando o "futuro do futuro" da humanidade (FREITAS, 2008a).

O século XXI apresenta modificações radicais. Enquanto tendência universal do regime capitalista, diversas contradições se reafirmaram numa nova conjuntura estruturante (FREITAS, 2008b). Fundiram-se: sujeito e objeto; tempo e espaço; capital e trabalho; natureza e cultura; necessidade e liberdade. Com um novo fundamento civilizatório: a incorporação da ecologia, enquanto paradigma universal, aos processos políticos, econômicos e científicos mundiais. Ecologia que, enquanto processo de produção, construção e reprodução da vida, já se encontra incrustada às matrizes do pensamento universal.

É nesse cenário multidimensional que a ciência e a tecnologia se reafirmam como eixo central dos processos civilizatórios, e o Brasil se põe como o principal signo ecológico mundial fundindo-se, definitivamente, à história e ao futuro da humanidade.

Os processos inter e multiculturais complexificam esse quadro mundial, ao se constituírem como meio material e simbólico que dá sustentação, lógica e histórica, ao desenvolvimento de programas que terão papéis decisivos na unificação econômica e política do planeta. Problemas clássicos da humanidade são revisitados com novas abordagens, mediações, percepções e ressignificações, no contexto dos fluxos de informação, das ciências de comunicação e do estabelecimento de uma solidariedade universal centrada num civismo mundial, entrelaçada às redes eletrônicas e às demandas das inovações tecnológicas.

Nesse contexto, o século XXI reserva lugar especial ao tipo de *marketing* ambiental centrado na concepção ECO-ECO (ECOlogia-ECOnomia) que associa os valores ecológicos a valores econômicos numa perspectiva preservacionista e de inclusão social. Perspectiva que se contrapõe ao caráter pragmático da educação e ciência, postas a serviço do mercado, e que se alinha com o paradigma da sustentabilidade direcionado ao combate da desigualdade social e a serviço da preservação ambiental.

3.1 Sustentabilidade-mundo: nosso futuro comum

O acesso pleno às políticas públicas ainda constitui um sonho distante para a maioria da população mundial. Saúde, educação, habitação, alimentação, transporte, saneamento básico e lazer são exigências de cidadania que movimentam os projetos políticos dos modelos de desenvolvimento dos estados nacionais.

Uma nova preocupação mundial emergiu no século XXI: a incorporação da sustentabilidade aos modelos de desenvolvimento socioeconômicos, em diferentes dimensões e escalas, desde a local à mundial, tendo a "condição humana" como o seu principal pressuposto. Perspectiva que constitui o principal desafio político no século XXI.

O "lugar" da sustentabilidade no mundo assenta-se em diversas composições de suas formas e conteúdos, compromissadas com as perenidades da espécie humana e do planeta, em forma de políticas públicas. Por outro lado, o "lugar" do mundo na sustentabilidade prende-se ao colapso dos modelos de desenvolvimento *standard*, que exige ressignificar os conceitos de desenvolvimento econômico e de cidadania. Esses dois "lugares" encontram-se assentados em estruturas, sistemas, plataformas e programas móveis e não coincidentes, na maioria das vezes, com forte dependência dos processos políticos, econômicos, científicos e da mídia, em escala mundial.

Essa nova centralidade política que exige a emergência da sustentabilidade a partir dos empreendimentos localizados e situados, imersos numa métrica temporal que articula o tempo breve das necessidades sociais com o tempo longo das gerações e da preservação do planeta, constitui um fundamento importante do processo civilizatório em curso.

Os mecanismos operacionais da economia global privilegiam a privatização e a dolarização do mundo; reafirmam também a transformação do mundo num grande mercado e propugnam a prevalência do pensamento único, dificultando a construção de soluções compartilhadas. Enquanto contraponto, a sustentabilidade põe novos compromissos à educação, ciência e tecnologia, mídia e à comunicação críticas, no processo de organização e funcionamento do mercado e do mundo do trabalho. O incrustamento da ecologia ao processo civilizatório pôs problemas complexos nesse quadro; a economia, o Estado nacional e a sociedade organizada também têm papéis-chave nessa nova conjuntura geo-histórica.

A economia está em crise estrutural e sistêmica, sua capacidade de dialogar com outras áreas de conhecimento encontra-se em xeque. A questão ecológica constitui o agente desencadeador dessa nova era da economia. As análises científicas mostram que o crescimento econômico mundial não tem como se efetivar de forma contínua e ilimitada, tendo como alicerce a matriz industrial e os processos de produção em curso.

O acelerado processo de pauperização, o rápido esgotamento dos recursos naturais e a exacerbada depreciação ecológica do planeta inviabilizam essa tendência de crescimento econômico ilimitado, fortalecendo a noção de sustentabilidade. Expansão industrial e explosão demográfica em dimensão planetária são fatores que reforçam o discurso ambientalista dos governos hegemônicos, impondo o congelamento do crescimento econômico *standard*, em diversas graduações, na maioria dos países com potencial de desenvolvimento (AKNIN et al., 2002, p. 53-56).

Constata-se que é contrassenso exigir que os países pobres incorporem o paradigma da sustentabilidade conforme os critérios e as determinações políticas dos países desenvolvidos, o que põe problemas estruturantes novos e a necessidade de se conceber abordagens metodológicas inovadoras, articulando educação, ciência e tecnologia, economia e política, em todas as escalas.

3.2 Cidadania e desenvolvimento econômico: novos nexos e sentidos

A política constrói novos diálogos com a economia; a ecologia constitui o agente motor desse processo. Dubois e Mahieu (2002, p. 79) afirmam que:

> [...] a sustentabilidade social do desenvolvimento pode ser abordada de duas maneiras complementares. A primeira, de caráter mais analítico, considera os riscos de disfuncionamentos sociais graves no seio da sociedade. A segunda, mais empírica, observa as soluções preventivas, e geralmente inovadoras, elaboradas pelos agentes sociais para fazer face a tais riscos.

Nesse sentido, percebem-se crescentes mobilizações das sociedades, especialmente em âmbito regional, para implantar medidas preventivas ao processo recessivo dos modelos econômicos *standard*.

As teorias econômicas tradicionais estabelecem que o crescimento econômico depende da adequada combinação do capital com o trabalho e do conjunto de fatores, denominado "resíduo", que inclui progresso técnico, disponibilidade de recursos naturais, nível de formação e qualificação da população, comércio internacional, e o crescimento demográfico, dentre outros fatores menos relevantes (LA CROISSANCE, 2000, p. 42). Amartya Sen (2001, p. 11-31) declara que, de forma ampla, existem duas concepções teóricas que orientam os estudos econômicos: a Teoria Formal de "Equilíbrio Geral", que tem como eixo central a compreensão da dinâmica dos processos de produção e das trocas financeiras que movimentam as forças econômicas do mercado; e a economia do "bem-estar", que tem como pressuposto a maximização real dos interesses pessoais e o critério utilitarista.

A crise ecológica mundial e o acelerado agregamento de valores econômicos à natureza contribuem para que a mesma seja incorporada às teorias econômicas em condição de capital. Fator que introduziu nova temporalidade ao mercado financeiro, desdobrando-se na necessidade de se ressignificar os modelos econômicos.

Essa dimensão teórica dos modelos econômicos faz com que eles tenham dependência de indicadores quantitativos dos fluxos de energia e massa, estimulando as pesquisas ambientais prospectivas e aplicadas, em especial o monitoramento científico e tecnológico dos processos atmosféricos responsáveis pela estabilidade climática e termodinâmica do planeta.

Enquanto contraponto às estruturas pragmáticas da economia capitalista, os pesquisadores críticos têm insistido em fundir a história do desenvolvimento das ciências com a história do desenvolvimento das tecnologias e da ética (SALOMON, 2001, p. 38-40), construindo compromissos consistentes e solidários com a condição humana e os direitos universais.

Caso singular refere-se ao uso da biodiversidade e à relação da indústria biotecnológica com a farmacologia e a produção de alimentos, na nova ordem econômica mundial. A exploração dos recursos genéticos dos microorganismos na produção de novos produtos farmacológicos, na eliminação de dejetos e nos processos de reciclagem da água constitui um fator que reafirma a importância da incorporação da biodiversidade à estrutura dos modelos econômicos (LÉVÊQUE, 1997, p. 54-56). As múltiplas aplicações técnicas e científicas da genética, articuladas às nanotecnologias, à cibernética e à expansão da robótica têm impactado a economia mundial de forma irreversível, gerando um conjunto de programas institucionais voltado à proteção do Patrimônio Genético e dos Conhecimentos Tradicionais.

Na seção 1.4, Dallmeir (2000, p. 454-455) apresenta um esboço do inventário sobre a biodiversidade mundial. Ele afirma que já foram identificadas 1,75 milhão de espécies na Terra, das quais 4.500 de animais; 10.000 de pássaros; 1.500 de anfíbios e de répteis; 22.000 de peixes; 270.000 de plantas; 70.000 de fungos; 5.000 de vírus; 4.000 de bactérias; 400.000 espécies de invertebrados, sem incluir os insetos; 960.000 de insetos, dos quais 600.000 são besouros. E os especialistas especulam que estas projeções representam menos de 10% do número de espécies existentes no planeta, a maioria nos oceanos e nas regiões tropicais, com mais de 50% delas residindo na Amazônia Pan-americana, na África Central, no sudeste da Ásia e parte da Austrália. A identificação do número de espécies e variedades de micro-organismos cresce continuamente reafirmando o papel fundamental dessas regiões nos processos de ciclagem e reciclagem dos reinos mineral, animal e vegetal assim como na estabilidade ecológica do planeta.

A despeito das atuais políticas de proteção à natureza, o processo de deterioração da biodiversidade mundial agrava-se em velocidade crescente. Destacam-se como principais causas o inadequado uso dos solos e águas; a superexploração comercial de algumas espécies; a introdução de espécies predatórias em determinados ecossistemas; a crescente poluição dos solos, águas e atmosfera; a agricultura intensiva com técnicas predatórias; o reordenamento dos territórios e as mudanças climáticas globais.

Outros fatores também contribuem para esse processo, entre os quais: o acelerado crescimento demográfico; as políticas de desenvolvimento econômico não adaptadas e não integradas às realidades ambientais locais e regionais; a não regulamentação dos direitos de acesso aos recursos naturais, e a insuficiência de conhecimentos científicos sobre as dinâmicas ecológicas regionais e mundiais (LÉVÊQUE, 1995, p. 77-87). Os desmatamentos e queimadas em regiões tropicais desempenham um papel relevante no agravamento desse quadro.

As articulações da genética com a biodiversidade e desta com as mudanças climáticas mundiais são, também, questões relacionadas com o paradigma do crescimento econômico sustentável e com a melhoria da qualidade de vida das pessoas e da humanidade.

As poluições atmosféricas constituem exemplo singular. Ainda há dificuldade na mensuração dos efeitos da poluição gasosa na nossa saúde; entretanto, já está provado que a chuva ácida e a formação de ozônio a partir da quebra das moléculas dos óxidos de nitrogênio pela radiação ultravioleta, aceleram a evolução de doenças crônicas, como a asma, por exemplo. É polêmico atribuir à poluição como sendo a única fonte responsável pelo falecimento de determinada pessoa; entretanto, esse fator pode acelerá-lo.

Outro exemplo sintomático refere-se aos impactos associados ao crescente acúmulo de dióxido de carbono e outros gases de efeito estufa na atmosfera – gases atmosféricos que regulam a quantidade de calor do Sol absorvida pela Terra. Os modelamentos econômicos ambientais, que já incorporam essa dimensão ecológica em suas estruturas, projetam somente os custos de propriedade ou dos direitos de usufruto dos seres humanos. Eles não incluem os riscos de extinção de espécies animais e vegetais, as possibilidades de impactos deletérios irreversíveis nos processos agrícolas, nos ciclos biogeoquímicos, nos ciclos de calor e da água, na climatologia, e também sobre os lugares, cidades, países, continentes e finalmente sobre o planeta. Estudos recentes projetam que a duplicação na concentração do dióxido de carbono na atmosfera resultará em queda do Produto Interno Bruto Mundial na ordem de 3 a 4% (BOBIN et al., 2001, p. 90-93).

A política e a economia não conseguem instituir uma solução sistêmica para deter a depreciação ecológica do planeta. Os mecanismos científicos e tecnológicos *standard* que movimentam os parques industriais realimentam esta depreciação, desdobrando-se em dificuldades técnicas na implantação de novos modelos de desenvolvimento econômico.

A importância de aperfeiçoar-se os modelos econômicos acelerou a multiplicação de tipologias que representem os recortes clássicos em economia. Faucheux e colaboradores (1996, p. 216-217) enfatizam alguns fundamentos que distinguem os modelos neoclássicos dos evolucionistas, dos modelos econômico-ecológicos e dos neocardinos, quais sejam:

• Os modelos neoclássicos assentam-se nas noções de equilíbrio e otimização. Suas hipóteses colocam o indivíduo e o mercado de alocação de recursos num mesmo plano central. Os recursos ambientais e os sistemas que dão suporte à vida são tratados como ativos econômicos e estão sujeitos às regras de alocação que governam esses recursos. A alocação intemporal do capital ressalta a importância da noção de progresso técnico e de substituição entre o capital reprodutível (bens de equipamentos, infraestruturas e os conhecimentos) e o capital natural (ecossistemas e seus elementos constitutivos, em diferentes escalas).

• Os modelos evolucionistas ressaltam a instabilidade que governa os sistemas de interface. Seu mercado é essencialmente indutivo, de natureza *bottom-up*, e fundamentado numa análise processual na qual a dinâmica do progresso técnico é, particularmente, estudada numa dimensão estruturante. Nesses modelos são ressaltadas as consequências imprevisíveis das invenções e inovações técnicas na evolução dos sistemas, e a importância das instituições e das políticas reguladoras.

• Os modelos econômico-ecológicos interessam-se, principalmente, pelas interações entre os sistemas na interface e as condições para as quais suas trajetórias podem ou não serem duráveis. Numerosos conceitos da ecologia são incorporados, de forma holística, nesse modelo; em geral, suas geometrizações são complexas e não lineares. Instabilidades das trajetórias e multiplicidade de possibilidades de equilíbrio, próprias desses modelos, ilustram as dificuldades de se fazer análises num cenário "alvo".

• Finalmente, os modelos neorricardinos propõem a representação multissetorial do sistema econômico-ambiental, na qual a noção de sustentabilidade é enfocada como condição de reprodução (simples) de determinado sistema econômico-ecológico. Nesses modelos estruturados sobre análise de *input-output* e na tradição dos modelos de Von Newmann e de Sraffa, o meio ambiente é integrado ao mesmo nível do processo econômico.

Um fator importante no desenvolvimento dos modelos econômicos ambientais é a incorporação da dinâmica do ciclo do carbono em suas estruturas e arquiteturas. O estabelecimento do seu valor econômico, a construção das metodologias utilizadas na medição de suas emissões, o impacto não linear dessa nova variável nos demais fundamentos econômicos, a inserção dessa nova dimensão dos modelos econômicos nos projetos nacionais ou nas perspectivas societárias dos diversos estados nacionais, e a busca de consenso político no estabelecimento do sistema de permissões de emissão de carbono negociáveis são problemas complexos e polêmicos postos às ciências econômicas e aos sistemas políticos naquela década.

A questão do efeito estufa articula desde os problemas sociais em escala local aos interesses dos estados nacionais e dos conglomerados transnacionais. A limitação das emissões de CO_2 devido à queima de combustíveis fósseis, põe em xeque a atual matriz energética dos países desenvolvidos, assim como a política industrial dos países em processo de desenvolvimento. Tese que se consolida nos fóruns políticos dos países ricos é a possibilidade de que esses países, em nome do futuro ecológico do planeta, coloquem obstáculos à industrialização dos países pobres.

Em geral, os modelos econômicos baseiam-se na aproximação "custo-eficácia", com suas estruturas e arquiteturas analíticas possuindo forte dependência do conhecimento teórico e empírico gerado nas ciências básicas. A concentração de estudos científicos em temáticas ecológicas contribui para as invenções de sofisticadas estruturas teóricas e indicadores quantitativos, dirigidas ao aperfeiçoamento desses modelos.

Entretanto, problemas complexos ainda se encontram na pauta de pesquisa dos estudiosos sobre desenvolvimento sustentável. Destacam-se: a criação de metodologia consistente que possibilite mensurar os efeitos relacionais entre as atividades econômicas e ambientais; a busca de melhor resolutibilidade nos cenários relacionados com o destino das fontes ou dos capitais críticos (raros, importantes, não substituíveis); a construção de linguagem que possibilite melhor discernimento sobre o impacto dos riscos ecológicos nas sociedades; a implantação de programas para resolver problemas advindos da desigualdade social e da distribuição de riqueza para diferentes sociedades diante da dificuldade de acesso às fontes de recursos naturais críticas; a construção de linguagem sistêmica que possibilite definir e aplicar a noção de sustentabilidade numa região ou num território, e a elaboração de estratégias para incorporar a economia e a ecologia, de forma sistêmica, às políticas institucionais (THEYS, 2001, p. 278-279), entre outros fatores menos relevantes.

Um fundamento que tensiona os princípios estruturantes desses modelos econômicos refere-se à crescente privatização dos meios de produção, próprios da dinâmica do modo de exploração capitalista. Essa "onda" privatista encontra-se em flagrante contradição com a ideia de gestão em longo prazo das riquezas do planeta. Com o agravante que o crescimento exacerbado da desigualdade social colabora para o aceleramento da destruição dos principais ecossistemas mundiais. A condição de sustentabilidade quando aplicada nesses países, em geral, reforça a concepção "biologizante" e condena essas populações ao eterno encasulamento socioeconômico.

Salam (2001, p. 18) afirma que a forma de melhorar o nível econômico dos países em desenvolvimento reside na injeção massiva e controlada do conhecimento científico e tecnologia nos mesmos. A demanda de bens e serviços resultantes dessa estratégia teria impacto significativo no desemprego estrutural nos países desenvolvidos, e possibilitaria uma rápida e contínua melhoria de qualidade de vida das populações daqueles países.

As cartas e as agendas científicas assumidas pelos indivíduos, grupos organizados, entidades científicas, instituições multilaterais, governos e blocos de governos, em nome do uso do conhecimento em prol da construção de sociedade mais justa e menos desigual têm sido rapidamente subsumidas pelos interesses do grande capital. O que contribui para reforçar e ampliar um novo ciclo de radicalismos e confrontos ideológicos, que anteciparão emergência de fóruns gestores e reguladores de compromissos éticos, étnicos e políticos entre os diferentes povos. A inserção do desenvolvimento sustentável nas agendas governamentais tem funcionado como "ideia-força" dos ideais humanitários ocidentais.

Problemas multidimensionais e multiformes, envolvendo diferentes atores e instituições e entrelaçados em forma de rede, têm permeado a dinâmica do desenvolvimento econômico dos lugares, regiões, países, blocos de países e também do planeta. Ressaltam-se: as temáticas relacionadas com a função dos recursos naturais no crescimento econômico e na melhoria da qualidade de vida das pessoas; a garantia de oferta das inovações tecnológicas emergentes às futuras gerações; a dinâmica do desenvolvimento econômico; a contabilidade e a avaliação do patrimônio natural; a proteção dos ecossistemas face às pressões humanas; o processo de irreversibilidade das mudanças climáticas e ecológicas e seus desdobramentos; as interações entre as dinâmicas ecológicas locais e planetárias, e a avaliação das políticas públicas num contexto de incerteza (HOWARTH 1997, p. 216).

O ordenamento jurídico e o estabelecimento de princípios reguladores das políticas de uso e exploração dos solos, das águas e da atmosfera são também problemas emergentes e que tencionam os fóruns internacionais, sem perspectiva de solução em curto prazo.

O discurso de melhor normatização da questão ambiental em escala mundial, em superposição ao combate eficaz contra a desigualdade social e a intensificação da preservação dos recursos da natureza, constitui uma contradição que reafirma o crescente distanciamento econômico, científico e tecnológico entre países ricos e pobres. Contradição que também se articula à proposta de ecodesenvolvimento, apresentada como "redenção" da humanidade e cujos adeptos não defendem sua implantação em seus próprios países. As inconsistências e as incongruências das estruturas e dos mecanismos operacionais dessa proposta de desenvolvimento suscitam graves questionamentos e dúvidas sobre sua operacionalidade.

Dá-se destaque aos seus problemas de escala de produção, à inserção das produções locais e regionais nos mercados nacionais e internacionais, a falta de sincronismo entre demandas sociais e políticas econômicas, e a possibilidade de eterna perenização da pobreza nas regiões periféricas.

A instrumentação do desenvolvimento sustentável, enquanto agente econômico e social, depende de um jogo de poder que se contrapõe à dinâmica de expansão do capitalismo, o que certamente dificulta, ou até mesmo inviabiliza, sua implantação enquanto instrumento de crescimento econômico, pelo menos na ordem vigente. A evolução das crises econômicas da Europa, Estados Unidos e Japão coloca novos contornos aos processos econômicos e financeiros que movimentam os empreendimentos sustentáveis numa perspectiva do mercado, potencializando novos processos educativos, científicos e tecnológicos, em direção à sustentabilidade situada e localizada.

A transformação e a convergência das preocupações com o destino do planeta potencializam a construção e a emergência da "cidadania mundial", imbricada à dignificação humana e à preservação ambiental.

As ONGs são atores importantes nesse processo de construção de cidadania mundial. Na Amazônia, o Estado nacional tem sido subsumido pela força e pela credibilidade política difusa dessas instituições. Elas imiscuíram-se em todas as dimensões da questão social amazônica. Os "interesses locais" têm sido adaptados por essas assessorias aos movimentos sociais insurgentes contra o desenvolvimento desigual, a pauperização e a exclusão em vários níveis de expressão nesta região. Essa adaptação competente entre questões locais e concepções humanitárias mundiais permite a difusão da ação de ambientalistas, missionários, cientistas, agentes econômicos, agências de pesquisa, com muita desenvoltura entre as populações e instituições da região, contra os megaprojetos do modelo de agroindústria ou de mineração predatórios (CORRÊA DA SILVA, 2002).

> Entre a Amazônia e o mundo esses atores globais favoreceram crescente fluxo de informações que alimenta a mídia sobre a necessidade de desaceleração da fronteira de recursos ou de manutenção de atividades produtivas "tradicionais" [...]. Emerge a formulação de ocupação da região que integra as vantagens da civilização capitalista, como expectativa de sentimento de cidadania mundial, que gera impressão de coordenar o acesso à ciência e tecnologia de manejo dos recursos da floresta e de estender seus resultados às populações amazônicas (CORRÊA DA SILVA, 1997, p. 179-180).

As ONGs também contribuem para a subalternidade política do Brasil às determinações internacionalistas. Põem obstáculos à nacionalização das políticas públicas nessa região estratégica ao desenvolvimento socioeconômico do Brasil. Participam de todas as decisões importantes sobre o futuro da região e têm acesso direto aos financiamentos públicos, sem as devidas fiscalizações e auditagens contábeis. Não são legitimadas pela sociedade e constituem um obstáculo político à integração da região ao projeto nacional, em bases sustentáveis.

O agravante dessa dinâmica mundial é a constatação que as políticas públicas de segurança alimentar, saúde, educação, habitação e trabalho entraram em processo de colapso, ou inexistem, nos conglomerados de países subdesenvolvidos. O acesso à justiça e a proteção do cidadão pelo Estado à ação deletéria do mercado são, também, predicados ainda inatingíveis, de forma plena, nesses países.

A vulnerabilidade dos modelos econômicos desses países à especulação financeira e aos interesses das elites econômicas nacionais e internacionais propaga instabilidades em seus projetos de desenvolvimento, mantendo-os reféns do grande capital transnacional. As desigualdades regionais e a intensa competição interna pelos recursos financeiros do Estado ampliam esse processo de instabilidade política. As ausências de projetos nacionais democráticos e populares e de sociedades civis organizadas colaboram para a ação colonialista e opressora das instituições multilaterais nesses países.

Portanto, a sustentabilidade plena requer construir instrumentos políticos que possibilitem ressignificar o regime democrático, comprometendo-o com novos contratos social e ecológico, em âmbito mundial, o que reforçará a importância geopolítica dos países que compõem os continentes africano, asiático e a América Latina.

Neste século, os processos democráticos construirão os contornos definitivos da cidadania mundial, enquanto utopia civilizatória, tendo como paradigma a questão ecológica. A materialização dessa unidade política, no conjunto de diversidade e pluralidade cultural mundial, constitui, atualmente, o principal desafio da democracia desdobrando-se no reordenamento político e econômico do regime capitalista.

O incrustamento da ecologia nos modelos de desenvolvimento ainda é controverso. Ignacy Sachs (2002, p. 31-32) esclarece que a questão do ecodesenvolvimento suscita duas posições extremadas. Uma vertente que atribui a responsabilidade de criação do ambientalismo aos países ricos, com objetivo de desacelerar o processo de industrialização dos países pobres, e a outra que condiciona a sobrevivência da espécie humana ao controle dos recursos naturais mundiais. Ele comenta ainda que esta última posição teve grande repercussão na opinião pública mundial, após sua divulgação na Europa, por meio do relatório "Os Limites do Crescimento", e os debates que se seguiram apontaram a explosão demográfica nos países pobres como importante causa desse problema. Sachs contrapõe-se a esta tese com argumento que identifica o consumo exacerbado nos países ricos, como o agente desencadeador desse processo, sem eliminar a conexão da miséria com a degradação ambiental mundial, justificada socialmente pela necessidade de sobrevivência dos despossuídos.

Sachs afirma que entre essas posições extremadas, no Colóquio de Founex, em 1971, propôs-se a terceira concepção de desenvolvimento assentada no princípio que negava a dependência do destino da humanidade em função desse tipo de crescimento econômico em curso (à época), mas sim em função de outras modalidades de crescimento. Sachs reafirma, ainda, a tendência em crescente processo de cristalização que projeta, para o século XXI, a consolidação das soluções negociadas e do processo de contratualização pelos governos democráticos. Questões que se encontram entrelaçadas à dinâmica dos processos sociais e econômicos com a questão ambiental, a articulação endógena de diversos atores constituintes da economia-mundo e com a construção de amplo pacto social e político.

Segundo Sachs, da composição não linear desse feixe de questões, surgirão os novos modelos econômicos mistos do século XXI. E também os novos contornos e processos sociais que movimentarão a geo-história pós-moderna (2002). Com uma tendência que exige rupturas com os processos que orientam as relações políticas, econômicas, tecnológicas e culturais, desde o local ao mundial.

Nessa conjuntura, as mudanças climáticas contribuem para o processo de revisão das políticas públicas e o estabelecimento de novos marcos regulatórios para a organização dos estados nacionais, fortalecendo o Intergovernmental Panel on Climate Change (IPCC) enquanto instituição mundial.

3.3 O IPCC e o século XXI: problemas e tendências

A primeira década do século XXI constitui marco para a sustentabilidade ambiental do planeta. Em linhas gerais, os relatórios do Intergovernmental Panel on Climate Change (IPCC), divulgados em 2007, delimitam quatro macrocenários ecológicos para o século XXI, todos articulados entre si. Na realidade são dois cenários com identidades políticas próprias: um assentado no desenvolvimento regional, valorizando o "local", e outro centrado nos processos mundiais reforçando o mercado; cada um desses cenários tendo cenário-variante mais atenuado. Esses macrocenários expressam-se como:

• O mundo futuro com crescimento econômico rápido, população mundial máxima no meio do século XXI, declinando posteriormente, e com rápida introdução de novas e eficientes tecnologias limpas. Maior conectividade e convergências inter-regionais, com o fortalecimento dos processos sociais e culturais e grande redução das diferenças socioeconômicas regionais. Esse conjunto de cenários aponta três tendências no uso das inovações tecnológicas nos sistemas de energia, tais como: o uso intenso de energia fóssil; a multiplicação de fontes de energia não fóssil; e, finalmente, a utilização de diversas fontes de energia.

• O segundo macrocenário aponta o mundo muito heterogêneo com preservação das culturas e identidades locais. O padrão de natalidade aumenta lentamente, o que resulta no contínuo crescimento populacional. O desenvolvimento econômico se centrará, primariamente, no mercado regional com o uso menos intenso e muito fragmentado das inovações tecnológicas em relação ao primeiro cenário.

• O terceiro cenário abarca um conjunto de cenários que aponta o mundo convergente com máxima população na metade deste século e declínio posteriormente, como previsto no primeiro cenário. Sugere uma rápida mudança na estrutura econômica mundial em direção à economia de informação e de serviços, com redução no fluxo de massa e energia após a introdução de tecnologias eficientes e fontes de energia limpas. Enfatizam-se as soluções globais para a sustentabilidade ambiental, social e econômica, incluindo o desenvolvimento equilibrado, mas sem iniciativas de impacto voltadas à estabilidade climática mundial.

• Finalmente, o último conjunto de cenários prevê o mundo com ênfase nas soluções locais para a sustentabilidade ambiental, social e econômica. Prevê contínuo crescimento populacional numa razão menor que a prevista no segundo cenário, e níveis intermediários de desenvolvimento econômico com incorporação de inovações tecnológicas em menor intensidade que as previstas nos cenários um e três. Essa tendência também privilegia a proteção ambiental e a equidade social centradas no desenvolvimento regional.

O IPCC enfatiza maior impacto das mudanças climáticas nas populações fragilizadas socialmente e nos países mais pobres. Prevê o aumento da desigualdade social e alerta sobre a vulnerabilidade dos continentes africano e asiático às mudanças climáticas, destacando o decréscimo na disponibilidade de água, o crescimento da fome, das doenças endêmicas e epidêmicas; e o aumento da pressão sobre a utilização dos recursos da natureza e sobre os ambientes devido ao rápido processo de urbanização, industrialização e desenvolvimento econômico.

Explicita ainda que o derretimento contínuo das geleiras do Himalaia aumentará as superfícies terrestres, potencializando o crescimento do número de avalanches, afetando as nascentes e fontes de água e decrescendo os fluxos de rios e áreas agrícolas.

De forma ampla, o IPCC observa impactos similares na maioria dos continentes. Destaca a perda de biodiversidade, a redução de precipitação e o aumento da evaporação, gerando grandes perturbações no ciclo hidrológico, os decréscimos da produção agrícola e florestal e das geleiras; estações do ano mais longas, ondas de calor intensas impactando a saúde humana; aumento das diferenças regionais na distribuição dos recursos naturais; dificuldades de adaptabilidade de organismos devido às mudanças climáticas; verões e invernos mais rigorosos; diminuição da disponibilidade de água para consumo, agricultura e geração de energia; intensificação do processo de salinização e desertificação de terras agrícolas; redução da produtividade agrícola com consequências adversas para as políticas de segurança alimentar; aumento dos níveis dos oceanos, rios e alagamento das planícies próximas; perturbações negativas nos estoques pesqueiros, e crescimento e intensificação de tornados tropicais, chuvas ácidas e fenômenos de poluição.

Apesar das modelagens indicarem que uma mudança climática moderada na próxima década poderá aumentar a produção agrícola de 5-20% (em especial nos Estados Unidos), embora com grande variabilidade entre as regiões, os cenários prevalecentes convergem para uma nova configuração socioambiental com grandes impactos nas culturas e nos modos de vida dos povos, em especial àqueles originários de regiões com temperaturas extremas – Ártico, Antártida e trópicos –, o que exigirá implantar novas estruturas e logísticas socioeconômicas nestas regiões.

Os fundamentos e os desdobramentos apresentados nos relatórios do IPCC põem novas dimensões sociais e perspectivas universais em escala planetária, continental e regional. A socioeconomia e a política, outra vez, terão papel hegemônico na indução de novas escolhas e arquiteturas dos processos civilizatórios que movimentarão o futuro da humanidade; a imprevisibilidade histórica nunca foi tão previsível.

O Brasil constrói os programas técnicos para incrustar e articular a sustentabilidade com as mudanças climáticas em suas políticas públicas. A importância da Amazônia para a estabilidade climática planetária e a complexidade dos problemas dos trópicos úmidos põem desafios novos à sua Política de Estado de Ciência e Tecnologia. A emergência e materialização das sociedades do saber, assim como a humanização e a integração da Amazônia nesse empreendimento nacional e mundial constituem pressupostos para a construção do seu desenvolvimento sustentável.

3.4 Brasil e sustentabilidade: nexos com as sociedades do saber

As crises econômicas e ecológicas tensionam a educação, a ciência e a tecnologia; as dimensões históricas da cultura, que ainda não possuem os fundamentos teóricos e empíricos para resolver os problemas complexos da humanidade, também constituem parte dessas crises. Destaque aos programas tecnológicos adaptados aos trópicos úmidos, "lugar" no qual o conhecimento organizado tende a se entrelaçar ao conhecimento tradicional, rompendo com as barreiras rígidas do método científico e compondo estruturas sociais e formas de organizações econômicas, mais integradas às culturas e às tecnologias apropriadas regionais.

As sociedades do saber têm um papel fundamental no futuro dos trópicos. A complexidade socioecológica dessas regiões põe desafios e problemas novos às ciências e às tecnologias, redefinindo seus "papéis" na história universal.

As sociedades do saber, também, terão papel decisivo na unificação econômica e política do planeta. Essas sociedades caracterizam-se pela integração de um conjunto de programas em redes, direcionado à estabilidade socioecológica do planeta. Elas propõem construir uma cultura de solidariedade mundial; reafirmar a liberdade de expressão como fundamento do processo civilizatório; cristalizar o paradigma da cultura de inovação tecnológica em redes; dar o salto das sociedades de memória às sociedades em rede com a disponibilidade dos saberes em âmbito mundial; reformar as instituições e programas de formação de formadores e garantir a educação contínua para todos; definir o futuro do ensino superior com ênfase às novas tecnologias de ensino, ao mercado do ensino universitário e à construção de novas formas de financiamento da educação; revolucionar a pesquisa e os processos de gestão científica e tecnológica em redes; construir ações nacionais e internacionais voltadas à segurança humana; garantir o acesso universal ao saber com ênfase ao compartilhamento e à proteção da propriedade intelectual; ressignificar os espaços públicos; e, finalmente, reafirmar o paradigma do desenvolvimento sustentável (UNESCO, 2005), priorizando a multiculturalidade no contexto do processo de mitigação das mudanças climáticas.

A cristalização das sociedades do saber requer novas abordagens e estruturas conceituais às ciências e tecnologias, às ciências da educação e aos processos de comunicação e *marketing*. Estruturas assentadas em processos inter e multiculturais, com ênfase na estética da recepção e na noção de sustentabilidade, valorizando a integração das pesquisas temáticas.

Nesse novo quadro civilizatório, o "papel da sustentabilidade no Brasil" reafirma a importância de sua megaecologia e de sua diversidade cultural na construção de processos de inclusão social e de cidadania mundial, a partir de uma Política de Estado de Ciência e Tecnologia e Inovação centrada em programas inclusivos, empreendedores e comprometidos com a preservação ambiental.

Por outro lado, o "papel do Brasil na sustentabilidade" potencializa e induz novas estruturas, sistemas e processos que materializarão a fusão de programas sustentáveis brasileiros aos fundamentos dos novos processos civilizatórios do século XXI. Põe-se, também, a possibilidade de se projetar e se construir um projeto nacional, ecumênico e multicultural, tendo a Amazônia como sua principal referência. Nesse sentido, a posição histórica privilegiada do Brasil lhe dá perspectivas de vanguarda nessa conjuntura política mundial; sua estabilidade econômica reafirma esse cenário positivo.

A soberania brasileira sobre a Amazônia e sua exploração de forma sustentável, em benefício do povo brasileiro, constituem um legado nacional às futuras gerações, e a certeza de que o Brasil se afirmará como nação próspera no século XXI. A educação, a ciência e a tecnologia constituem eixos motores desse processo.

3.5 Brasil-Amazônia e sustentabilidade: Quem somos nós?

A mundialização da hipocrisia e da barbárie política fortaleceu a importância da estética da ética que assumiu a ecologia como paradigma universal.

Estética que exige rupturas dos processos que orientam as relações: dos homens com a natureza, entre os homens, entre os estados nacionais, entre as sociedades de consumo e o mercado e entre as diferentes formas de se conceberem os modelos de desenvolvimento econômico.

Esse cenário histórico desdobra-se num conjunto articulado de ações que se expressa por meio dos cinco compromissos civilizatórios em forma de contratos mundiais, durante o século XXI, conforme apresentado na seção 5.2. Compromissos que têm forte dependência dos fundamentos e dos processos de organização das matrizes educacionais e das novas regulamentações jurídicas econômicas em âmbito mundial.

Ênfase às articulações do contrato natural mundial com o Brasil, centradas nos trópicos úmidos e em sua participação na estabilidade socioecológica do planeta. A instauração desse contrato natural, tendo a ecologia como seu principal paradigma, acirrou as contradições do regime capitalista. A integração econômica mundial assimétrica – que se assenta num modelo consumista e num acelerado processo de privatização planetária, articulada à matriz industrial e tecnológica baseada no uso de combustíveis fósseis – contribuiu para a rápida depreciação ecológica mundial, pondo em risco a perenidade da humanidade, e desencadeando uma sinergia mundial pela preservação dos recursos naturais, incluindo os solos, as águas e a atmosfera terrestre.

Potencializou, também, a criação de matrizes educacionais compromissadas com o futuro da humanidade e o combate à desigualdade social, gerando impactos estruturantes nas organizações das ciências da natureza e tecnologias.

Diversas contradições do pensamento universal colaboraram para esse novo cenário. Destaque às determinações seletivas de Darwin e às leis genéticas de Mendel, de natureza estatística, que são projetadas sobre o indivíduo, a condição humana e as relações entre grupos sociais, gerando análises e resultados inconsistentes e desprovidos de cientificidade (MORIN, 2000, p. 225). Resultados que ressoam com os interesses pragmáticos do mercado financeiro, em todas as escalas espaciais e temporais. A incorporação da educação ambiental nas matrizes das políticas educacionais constitui uma etapa importante no processo de humanização e integração da cultura com a natureza.

A rápida expansão demográfica mundial; 1 bilhão de pessoas em 1830, 2 bilhões em 1930, 3 bilhões em 1960, 4 bilhões em 1975, 5 bilhões em 1990, 6 bilhões em 2000, pouco mais de 7 em 2010, 8 em 2025 e talvez mais de 9,5 bilhões em 2050, mostra a evolução demográfica da humanidade nesses dois últimos séculos. O quadro de segurança alimentar mundial que atualmente atinge 800 milhões de pessoas vivendo em condições de subalimentação (COLLOMB, 2000, p. 129-130), quando projetado para 2050, suscita preocupações sobre a questão socioecológica. A crise econômica mundial intensifica essas preocupações.

Considerado como país megaecológico, o Brasil impõe sua presença nesse contrato natural mundial. O compromisso com o desenvolvimento sustentado reafirma sua liderança [do Brasil] nos fóruns internacionais.

Destacam-se a possibilidade dos recursos naturais disponíveis em escala mundial não serem suficientes para atender as necessidades básicas das populações em 2050; a rápida exaustão da fecundidade dos solos com o uso acelerado de produtos químicos na agricultura; a intensa pressão sobre as fontes de recursos naturais, aumentando as tensões políticas locais e regionais; a criação de novas fronteiras agrícolas em regiões estratégicas às estabilidades físico-químico-biológica e climática do planeta, em particular na África Central, sudeste da Ásia e Amazônia Pan-americana; e a rápida deterioração do patrimônio genético mundial. A demanda energética e a necessidade de preservação ambiental agravam esse quadro de incertezas (FREITAS, 2008b).

A composição desses fatores com outros secundários constitui um argumento que justifica a construção do contrato natural; um conjunto de compromissos institucionalizados e incorporados às políticas públicas nacionais, para assegurar os instrumentos técnicos necessários à estabilidade socioecológica do planeta. Como apresentado na seção 5.2, os cinco contratos mundiais propostos têm como principal fundamento preservar e valorizar a espécie humana no planeta, em todas as suas dimensões. Princípio estruturante que articula à ciência e à tecnologia, às ciências da educação, à ecologia e à Amazônia enquanto processo de produção, construção e reprodução da vida.

A importância da Amazônia ao Brasil e ao mundo constitui unanimidade nacional e internacional. A Amazônia é a região sul-americana com condições climáticas caracterizadas por altas temperaturas, umidade e precipitação pluviométrica, e que abrange parte do Brasil, Peru, Equador, Bolívia, Colômbia, Venezuela, Suriname, Guiana e Guiana Francesa, totalizando 6,5 milhões de km^2, dos quais 3,8-4,2 milhões de km^2 se constituem de florestas primárias.

Nessa região encontra-se a maior biodiversidade mundial, 1/3 das reservas mundiais de florestas latifoliadas, 1/5 da água doce superficial da Terra, além de constituir entidade física relevante nas estabilidades mecânica, termodinâmica e química dos processos atmosféricos em escala planetária. A Amazônia Brasileira é formada pelos estados do Amazonas, Acre, Pará, Amapá, Roraima, Rondônia, Tocantins, partes dos estados do Maranhão e Mato Grosso, totalizando 4.987.247km^2, 3/5 do território brasileiro e 2/5 da América do Sul, que corresponde a 1/20 da superfície terrestre. Nesses nove estados habitam pouco mais de 23 milhões de pessoas, em torno de 4/1000 da população mundial, com mais de 60% desses habitantes morando em áreas urbanas; destaque aos 163 povos indígenas que totalizam 204 mil pessoas, ou 60% da população indígena brasileira.

A Amazônia também possui complexa hidrografia com 75.000 km de rios navegáveis, 50% do potencial hidrelétrico do Brasil, 12 milhões de hectares de várzeas, 11.248 km de fronteiras internacionais, mais de 180 milhões de hectares de florestas protegidas em unidades de conservação estaduais e federais (dados de 2009) que desempenham um papel importante nas estabilidades climática e termodinâmica do planeta.

O Brasil é o primeiro país mundial em diversidades de plantas, peixes de água doce e mamíferos, o segundo em anfíbios; e o terceiro em diversidade de répteis. Possui 55 mil espécies vegetais, ou 22% do total conhecido no planeta. E ainda 524 espécies de mamíferos, 517 de anfíbios, 1.622 de pássaros, 486 de répteis, 3.000 espécies de peixes, 10-15 milhões de insetos, além de milhões de espécies de micro-organismos, ampla maioria desse patrimônio nacional encontra-se localizada na Amazônia (CRUVINEL, 29/04/2000).

A literatura especializada confirma que a ciência conhece menos de 10% da possível biodiversidade existente na Terra. Estima-se que 40% dos medicamentos disponíveis na terapêutica moderna tenham sido desenvolvidos a partir de fontes naturais: 25% de plantas, 12% de micro-organismos e 3% de animais... Além disso, 1/3 dos medicamentos mais prescritos e vendidos no mundo é proveniente dessas fontes. Se considerarmos as drogas anticancerígenas e os antibióticos isoladamente, esse percentual cresce atingindo 70% (CALIXTO, 2000, p. 36-43), reafirmando a importância geopolítica da Amazônia (FREITAS, 2002).

Em levantamento fitogenético realizado numa área de 100km^2 da Reserva Ducke, próxima a Manaus, constatou-se a existência de 1.200 espécies de árvores e de 5.000 árvores, das quais 300 espécies com mais de 10cm de Diâmetro à Altura do Peito (DAP) em cada hectare de floresta (RIBEIRO et al., 1999). Essa quantidade é superior ao número total de espécies existentes em toda Europa. Estudos comprovam que a Floresta Amazônica possui em torno de 350t de biomassa por hectare e produz, anualmente, 7,5t de detritos vegetais por hectare.

Antony constatou, em 1997, que os solos do Arquipélago de Anavilhanas – situado no município de Novo Airão, Estado do Amazonas – possuem uma população de 116.409 organismos vivos numa camada de 1m^2 com 10cm de profundidade, o que confirma a grande diversidade biológica nessa região, onde novas espécies ainda estão sendo descobertas.

A Amazônia é cortada pelo Rio Amazonas que drena mais de 7 milhões de km^2 de terras e possui vazão anual média de aproximadamente 176 milhões de litros d'água por segundo (176.000m^3/s), o que lhe confere a posição de maior rio em volume de água da Terra, superando o Rio Congo na África (o segundo rio em volume de água) em quatro vezes, e o Rio Mississipi em dez vezes. Na época das águas baixas, o Amazonas conduz para o mar 100 milhões de litros de água por segundo (100.000m^3/s); na época das enchentes, mais de 300 milhões de litros por segundo (300.000m^3/s) (SIOLI, 1991). A vazão média do Rio Amazonas em 1 segundo é suficiente para o abastecimento diário de uma cidade com 294.000 habitantes. A Bacia Amazônica constitui região habitada com um dos maiores índices pluviométricos do planeta, um total médio na ordem de 2.200mm/ano (1mm de precipitação corresponde a 1l de água por metro quadrado). Isso representa um volume total de água em forma líquida, na ordem de 12.000 trilhões de litros (12x10^{12}m^3) que essa região recebe a cada ano, resultando na maior bacia hidrográfica do mundo (SALATI et al., 1983). Estudos recentes demonstram que o ciclo da água na Amazônia está sendo afetado pelas mudanças climáticas. O degelo na Cordilheira dos Andes tem alterado a vazante do Rio Amazonas, proporcionando uma frequência maior de eventos climáticos extremos, como as enchentes recordes desse rio nos últimos anos. A geografia, as populações ribeirinhas, os modos de mobilidade, de produção e de organização das cidades interioranas encontram-se em processo de adaptação a esta nova realidade da Amazônia.

A Bacia do Amazonas, a Bacia do Congo e a área em torno de Borneo, regiões tipicamente tropicais, são extremamente importantes e eficientes na absorção de energia solar e na redistribuição planetária desse calor por meio da atmosfera (CRUTZEN et al., 1990). Estudos recentes projetam que o processo de conversão de umidade em chuva na atmosfera amazônica libera uma grande quantidade de calor equivalente a 400 milhões de megawatts, que correspondem à explosão de 5.580.000 bombas nucleares por dia (BAUTISTA VIDAL, 1990, p. 228), semelhantes àquelas que os norte-americanos lançaram na cidade de Nagasaki, na Segunda Guerra Mundial, em 09/08/1945, causando a morte de 45.000 pessoas (FREITAS, 2002).

Destaque é atribuído à participação da Amazônia nos processos básicos imprescindíveis à estabilidade química da atmosfera terrestre. Os especialistas especulam o seu grau de contribuição, em nível regional e planetário, nos balanços de dióxido de carbono (CO_2), principal "gás estufa", de óxido nítrico (NO) e de dióxido de nitrogênio (NO_2), principais agentes responsáveis pelo grau de oxidação da atmosfera, e do óxido nitroso (N_2O), gás, aproximadamente, 200 vezes mais estufa que o CO_2 (KELLER et al., 1983).

O grau de importância dos dois primeiros gases nitrogenados na estabilidade química da atmosfera e dos outros dois na estabilidade climática, em escala planetária, são problemas complexos que se encontram em processo de pesquisa científica.

O Intergovernamental Panel on Climate Change (IPCC) projeta que em 1990 foram, efetivamente, emitidas para a atmosfera terrestre 7,4 bilhões de toneladas de dióxido de carbono. Os ecossistemas amazônicos comportam-se como "gigantescos aspiradores de ar", participando dessa dinâmica, com absorção anual, para efeito fotossintético, em até 500 milhões de toneladas (16,1t em cada segundo) de dióxido de carbono (NOBRE et al., 1996, p. 577-596).

Estimativas desenvolvidas por Higuchi (2007), baseadas na existência da quantidade média de 160t de carbono por hectare, projetam que os ecossistemas amazônicos estocam 90 bilhões de toneladas de carbono, 13% do carbono total existente na atmosfera terrestre.

A potencialidade econômica da Amazônia cresce à medida que sua importância para o equilíbrio ambiental planetário se reafirma, criando novas formas de dominação e colonialismo na região, por lideranças científicas, políticas e empresariais. Suscita, também, novas iniciativas institucionais dirigidas à consolidação das políticas industriais e de ciência e tecnologia, em âmbito regional e nacional.

Ênfase à socioeconomia da região. A indústria metalúrgica e mineral no Estado do Pará, o Polo Industrial de Manaus (PIM), o *agrobusiness* no Estado do Mato Grosso e os arranjos produtivos nos demais estados constituem as principais atividades econômicas em curso na Amazônia Brasileira. Esse quadro encontra-se em acelerado processo de expansão e consolidação.

O PIM com mais de 550 indústrias, nacionais e transnacionais, e de abrangência em toda Amazônia Ocidental, constitui, atualmente, a matriz científica e tecnológica mais diversificada e sofisticada da região. De natureza não poluente, esse polo gera mais de 550 mil empregos diretos e indiretos (dados de 2012) e encontra-se em pleno processo de expansão física e econômica. Seus principais setores econômicos são as indústrias elétrico-eletrônica, automotora (duas rodas), informática e biotecnologia (cosméticos, biofármacos e alimentação) com uma pauta de exportação que atinge mais de 50 países.

Diversos projetos petroquímicos encontravam-se em processo de implantação no Amazonas, com destaque ao início de funcionamento do gasoduto Coari-Manaus, que estava previsto para o primeiro semestre de 2015. Dá-se ênfase aos processos de formação, organização, implantação e desenvolvimento de uma matriz biotecnológica articulada à bioindústria, em pleno processo de consolidação na região.

O faturamento global do PIM superou US$ 40 bilhões em 2012, US$ 38 bilhões em 2011, US$ 30 bilhões em 2008 e US$ 25,8 bilhões em 2006 (SUFRAMA, 04/02/2013), demonstrando sua contínua expansão econômica. A integração de programas de ciência e tecnologia com essa matriz industrial, direcionados à exploração sustentável de novos produtos da floresta e dos serviços ambientais da região, constitui o principal desafio posto à Política de Ciência e Tecnologia da Amazônia e também do Brasil.

Esse polo industrial precisa acelerar sua conexão e compromisso institucional com a bioindústria, a implantação de uma política pública direcionada à exploração de recursos minerais e *commodities* ambientais, assim como do desenvolvimento do ecoturismo em grande escala. Simultaneamente, a Universidade do Estado do Amazonas institucionalizou uma matriz de programas de formação doutoral em áreas estratégicas ao desenvolvimento regional e à melhoria de qualidade de vida das populações amazônicas. A implantação de estruturas laboratoriais complexas e vocacionadas, dirigidas à pesquisa e à inovação tecnológica centrada na complexidade ecológica amazônica, constitui uma condição necessária ao seu desenvolvimento sustentável.

Esse quadro tem modificado as relações entre as pessoas, as instituições e o mercado, alterando os modos de organização e de produção e as significações dos conceitos de natureza, território e ambiente, ampliando o alcance civilizatório das sociedades do saber; modelo social e econômico que projeta, em curto prazo, novas configurações geo-históricas para a Amazônia Brasileira.

A Amazônia põe várias questões ao mundo, ênfase à construção de uma nova concepção estética da Amazônia-Mundo; o seu desenvolvimento sustentável em condição de maior biblioteca-viva do planeta; sua representação socioeconômica enquanto processos culturais, ecológicos e simbólicos mundiais; sua condição de espaço estratégico para o Brasil e o mundo; seu papel de fonte de reciclagem e termostato do planeta; e seu funcionamento físico como mecanismo de estabilidade climática do planeta.

No período de 2003-2009, o Estado brasileiro investiu mais de R$ 4,5 bilhões em programas de ciência e tecnologia na Amazônia Brasileira, modificando radicalmente sua matriz científica e tecnológica. Destaque ao Ministério de Ciência e Tecnologia, que investiu R$ 1,65 bilhão, ao Governo do Estado do Amazonas, com investimentos de R$ 1,39 bilhão, à Superintendência de Desenvolvimento da Amazônia e ao Banco da Amazônia, com aplicações de R$ 1 bilhão, à Superintendência da Zona Franca de Manaus, com investimentos de R$ 350 milhões, e aos demais estados da Amazônia Brasileira, com ordenamentos financeiros de R$ 250 milhões, totalizando R$ 4,64 bilhões. Mudaram-se as perspectivas econômicas e políticas da região com a reafirmação de sua importância econômica e política ao Brasil e ao mundo. Encontra-se em curso um forte processo de nacionalização e institucionalização dos programas de ciência e tecnologia nessa região (SECT, 2010).

O alcance dos problemas que a Amazônia põe ao Brasil e ao mundo exige reestruturar e reposicionar a diplomacia brasileira. As vozes, as interlocuções, os processos, os sistemas e as estruturas econômicas das principais nações mundiais em direção à sustentabilidade demandam melhor qualificação e presença da diplomacia brasileira na Amazônia, considerando que essa região encontra-se, definitivamente, fundida ao destino e ao futuro da humanidade. A crescente presença internacional na região exige essa nova condição da diplomacia brasileira. A dinâmica diferenciada dos modelos de desenvolvimento sustentável nos estados amazônicos amplia essa exigência política, pondo novos desafios e compromissos ao Estado nacional.

4

Desenvolvimento sustentável e Amazônia: contradições e propostas

Projeções estéticas da Amazônia

As relações do homem com a natureza passam também pelas relações entre os homens, na guerra e na paz. As análises dessas relações exigem qualificar o conceito de natureza que envolve não somente o que é externo ao homem, mas também a sua subjetividade e a articulação do local com o universal, buscando sentido cósmico à sua existência. Nessa perspectiva, pode-se conceber e incrustar a natureza numa estética da vida que tem a Amazônia como uma referência emblemática e nexos com as representações materiais e simbólicas, em todas as escalas.

Cultura, educação, ciência e tecnologia são criações históricas desse processo estético que movimenta estruturas produtivas, pondo e repondo problemas contextualizados e ponderados às conjunturas políticas e econômicas interdependentes, em âmbito regional, nacional e internacional.

Saúde, educação, segurança, transporte, habitação, entre outras, constituem conquistas coletivas da humanidade que se encontram sujeitas à ruptura ecológica do planeta. As mudanças climáticas, em especial o efeito estufa, constituem o agente desencadeador desse processo que mobiliza pessoas, organizações, estados nacionais e instituições multilaterais.

4.1 Amazônia, mudanças climáticas e a diplomacia brasileira: o fio condutor

Em dezembro de 2009, na cidade de Copenhague, discutiu-se o documento básico sobre a Política Pública Mundial de Mudanças Climáticas que substituirá o Protocolo de Quioto, no período de 2012 a 2020. As participações dos países ricos nessa conferência foram controversas. Consolidou-se a tendência política que esses países não têm interesse em construir uma proposta com metas definitivas de controle do efeito estufa; ao contrário, desenhou-se o acordo "politicamente vinculante", com estabelecimento de diretrizes gerais, compromissos específicos de mitigação e financiamento dirigidos à elaboração, no futuro, de instrumento legal vinculante mais pormenorizado.

As metas estabelecidas e apresentadas pelo governo brasileiro nessa conferência têm fundamento geopolítico amplo e estratégico. O então presidente do Brasil, Luiz Inácio Lula da Silva, anunciou o compromisso do Brasil de reduzir as emissões de CO_2 de 36,1, para 38,9% até 2020. Assumiu também as metas de redução do desmatamento da Amazônia em 80% até 2020, conforme o Plano Nacional de Mudanças Climáticas. Ação que terá forte impacto no combate ao efeito estufa, considerando que o desmatamento na Amazônia contribui com 1,1 a 1,9% das emissões globais de CO_2 (FREITAS et al., 2004).

As estimativas projetam que a redução do desmatamento no cerrado e na Amazônia, majoritariamente, na dimensão proposta pelo Brasil, contribuirá com mais da metade da redução em suas emissões de CO_2, resultando numa diminuição de 580 milhões de toneladas nas emissões desse gás de efeito estufa até 2020, considerando uma cobertura vegetal nesta região com 200 toneladas de biomassa por hectare (AGUIAR et al., 2009).

Essa estimativa de diminuição de emissões para 2020 representa 17% de redução de emissões pelos Estados Unidos em relação às de 2005. Quadro que reafirma a importância da Amazônia no processo de resfriamento e despoluição do planeta, mostrando seu papel estratégico nas negociações diplomáticas internacionais sobre mudanças climáticas.

Niro Higuchi, especialista sobre o ciclo do carbono e eminente pesquisador do Instituto Nacional de Pesquisas da Amazônia – instituição sediada em Manaus –, projeta que o desmatamento e o uso da terra na Amazônia emitem anualmente 229 milhões de toneladas de carbono representando 78% da emissão total do Brasil, e a queima de combustível fóssil emitindo 64 milhões de toneladas de carbono por ano (22% do total) (HIGUCHI, 2007).

Os estudos de Niro Higuchi mostram a importância do Estado do Amazonas na estabilidade ecológica do planeta, em especial no sequestro de carbono. Suas florestas ocupam papel relevante no processo de estabilização termodinâmica do planeta, com sequestro de 132 milhões de toneladas de carbono por ano (1,72% do total de carbono efetivamente lançado na atmosfera terrestre por ano – referência 1990 do IPCC), contribuindo para o resfriamento do planeta. Essa absorção de carbono daria para compensar as emissões do Canadá, por exemplo, que são de 124 milhões de toneladas de carbono por ano (HIGUCHI, 2007). O Brasil ocupa o décimo sexto lugar no *ranking* de países emissores de CO_2 devido ao consumo de combustíveis fósseis (referência de 2007); ao se considerar o desmatamento e o uso do solo (atividades agropecuárias, principalmente) ele passa a ocupar o quinto lugar no *ranking* mundial dos países responsáveis pelo efeito estufa (dados de 2007). Esses cenários mostram a importância em se combater o desmatamento na Amazônia, e em construir mecanismos de desenvolvimento limpo no Brasil.

A inserção do mecanismo de Redução de Emissões pelo Desmatamento e Degradação (REDD) na Conferência de Copenhague representou um avanço político para os países tropicais devido à possibilidade de renumeração pela manutenção da floresta em pé. Entretanto, a dinâmica desse encontro mundial gerou frustrações aos agentes políticos, sociais e econômicos compromissados com o processo de mitigação das mudanças climáticas. Nesse fórum mundial postergou-se a construção de consensos políticos e técnicos para viabilizar mudanças estruturais nas matrizes industriais poluidoras, assim como nas matrizes ocupacionais dos países participantes, ampliando as incertezas sobre a gestão e o combate aos processos de depreciação do planeta.

As mudanças climáticas enquanto política pública, programa multicultural, agente de promoção social e mecanismo de melhoria de qualidade de vida e geração de renda, e finalmente as mudanças climáticas enquanto elemento político que, também, potencialize a definição do "lugar da Amazônia" no desenvolvimento socioeconômico do Brasil, precisam ser melhor exercitadas e legitimadas junto ao povo brasileiro e aos fóruns políticos e econômicos nacionais e internacionais. Até mesmo porque a Amazônia é patrimônio do povo brasileiro. Isso também vale para outras regiões tropicais e seus respectivos estados nacionais.

A privatização da Amazônia também conspira contra a institucionalização do projeto nacional na região. Compartilhar e integrar as soluções dos problemas amazônicos dos nove países que compõem essa região põem desafios novos à soberania e à diplomacia brasileiras, considerando que políticas de mudanças climáticas articulam-se aos processos de uso e de ocupação dos ambientes; aos conhecimentos tradicionais dos 250 povos indígenas da região e em suas relações com os ambientes amazônicos; às culturas, às antropologias e às arqueologias mediadas pelos arranjos produtivos locais, com as tecnologias apropriadas, as redes e plataformas tecnológicas regionais e internacionais, e também com a institucionalização dos serviços ambientais como política pública. Envolvem também as histórias e os compromissos dos indivíduos, das comunidades, das sociedades, dos povos, das instituições e do Estado nacional com o futuro da região e com o dever cívico de mantê-la parte indissociável do tecido social e cultural do Brasil.

A história registrará o alcance desse processo civilizatório que reafirma a importância da Amazônia ao desenvolvimento socioeconômico brasileiro e à geopolítica mundial. As mudanças climáticas constituem um dos agentes desencadeadores desse empreendimento, eminentemente político e também diplomático, centrado na sustentabilidade, e que tem no Estado do Amazonas uma referência singular.

4.2 O Estado do Amazonas e o IPCC: representações materiais e simbólicas

A reinvenção política do Brasil no século XXI colocou novas responsabilidades e marcos regulatórios ao Estado do Amazonas. Desenvolvimento sustentável, bioindústria, plataformas de tecnologias de ruptura, engenharia elétrica e eletrônica, música e literatura e artes, mídia e multimídia, serviços ambientais, cibernética, robótica, nanotecnologia, engenharias para os trópicos úmidos, tecnologias de informação e telecomunicações mediadas por satélites, engenharia molecular, física e química ambientais, mecatrônica, direito ambiental, antropologia das técnicas, linguística, gestão ambiental integrada e em grande escala, e matemática aplicada a sistemas complexos, são dimensões da Pós-modernidade que já se fazem presentes na socioeconomia do Amazonas. A necessidade de se construir modelos de desenvolvimento assentados em novos paradigmas e sistemas técnicos que possibilitem fundir as tecnologias *hightech* do Polo Industrial de Manaus com o uso sustentável dos recursos naturais dos biomas amazônicos, constitui um desafio público posto às instituições, aos políticos, aos gestores e aos empresários comprometidos com a região e o Brasil. A premência em se construir elementos técnicos que validem a aplicação da noção de sustentabilidade na solução dos problemas complexos da Amazônia exige organizar uma matriz de novos programas estruturantes na região, em especial uma estrutura laboratorial *hightech* para produção de novos processos e produtos, com destaque à implantação da "Estrutura Laboratorial Consorciada para Construção de Novos Processos e Produtos Industriais e Ambientais no Estado do Amazonas".

Desde sua criação e implantação na década dos anos de 1960, o Polo Industrial da Amazônia Ocidental, sob jurisprudência da Suframa, já produziu mais de US$ 400 bilhões de riqueza para a Amazônia Ocidental e o Brasil, com a maior parcela dos tributos contigenciada e recolhida pelo governo federal. Maior investimento do governo federal em políticas sociais põe-se como prioridade ao combate das desigualdades sociais na região. Por outro lado, a implantação de estrutura laboratorial científica e tecnológica, integrada e complexa, em Manaus, dirigida à certificação e invenção de novos materiais e produtos industriais e ambientais, corroborará para consolidar esta matriz produtiva e cultural da região, fortalecendo e ampliando o seu alcance socioeconômico com a incorporação de novos sistemas de inovação e processos de competitividade.

Economia, inovação e ciência e tecnologia; natureza e cultura; territórios e povos, serviços ambientais e desenvolvimento sustentável; mercado regional-nacional-internacional e integração nacional; e capital, trabalho e preservação ambiental são dimensões socioeconômicas que estão sendo diretamente impactadas pelas práticas sustentáveis na região, que precisam ser fortalecidas e ampliadas.

A emergência do mercado dos serviços ambientais e a consolidação da bioindústria ampliam a importância da educação, ciência, tecnologia e inovação no processo de desenvolvimento do Estado do Amazonas. As representações simbólicas e materiais que movimentam os ciclos da vida no Estado do Amazonas, também, constituem referência emblemática ao Brasil e ao mundo.

Maior Estado brasileiro, o Amazonas constitui uma região estratégica para a estabilidade socioecológica do planeta. Formado por 62 municípios, abrangendo área de 1.570.745,680km^2 com 3,3 milhões de habitantes, 2.525km de fronteiras internacionais com a Colômbia, Venezuela e Peru, o Estado do Amazonas representa 3/16 do território brasileiro; pouco mais de 3/16 da Amazônia Pan-americana; 3/25 do continente sul-americano; 3/200 da superfície terrestre; 1/50 da população brasileira e 3/7000 da população mundial; 1/8 da disponibilidade mundial de água doce superficial; mais de 20% do potencial hidrelétrico do Brasil; 6 milhões de hectares de várzeas; 25.000 quilômetros de rios navegáveis; frota de 70 mil barcos de médio e grande porte, 1/15 da biota terrestre universal; enorme diversidade étnica e cultural do Brasil, com 72 povos indígenas com cosmogenias próprias e que correspondem a mais de 130 mil pessoas (30% dos índios brasileiros) com 72 etnias e 70 línguas faladas. O Amazonas possui também mais de 80 milhões de hectares de áreas protegidas, distribuídas entre 42 unidades de conservação federais e 36 unidades de conservação estaduais (dados de 2008) legalmente criadas, representando 53% de seu espaço territorial. Ele representa 12% de toda reserva florestal contígua dos trópicos úmidos do planeta, distribuída ao longo de mais de 96% de seu território, com estoque de 40 bilhões de toneladas de biomassa, dos quais 18 bilhões são de carbono.

A literatura técnica registra que o carbono sequestrado da atmosfera terrestre pelas florestas do Amazonas corresponde a 1,7% do total do carbono estocado por ano na atmosfera terrestre devido à emissão total mundial (incluindo os desmatamentos, ocupação e uso do solo). Esse total de carbono retirado da atmosfera terrestre pelos seus biomas corresponde a 57,7% do total de carbono emitido pelos demais estados da Amazônia Brasileira devido ao desmatamento e uso da terra na região (229 milhões de toneladas – dados do INPE de 2004).

O IPCC atesta que 20 a 22% (1,2 a 1,6 bilhão de toneladas) das emissões globais efetivas de carbono são originadas de queimadas e usos do solo. Os especialistas identificam a Amazônia Pan-americana, a África Central e o sudeste da Ásia como as regiões que lideram estas emissões. Desde 2003, o governo do Amazonas tem construído programas dirigidos à preservação e à conservação ecológica de seus ecossistemas, com geração de renda; destaque às políticas florestais em suas unidades de conservação tendo como foco central: a conservação dos biomas; o manejo sustentável dos sistemas agroflorestais; a manutenção da estabilidade dos ciclos biogeoquímicos, em especial dos ciclos de carbono (fixação de carbono), hidrológico (conservação e uso social da água) e do nitrogênio (processos de ciclagem e reciclagem); o uso e a conservação da biodiversidade e a preservação das estruturas mecânicas, arquiteturas e das belezas cênicas dos biomas amazônicos.

Ações articuladas a vários programas de pesquisa centrados em demandas regionais e mundiais, tais como: populações e ecossistemas amazônicos; física e química e modelagem atmosférica tropical; dinâmica da biomassa vegetal e planejamento da conservação de ecossistemas tropicais; dinâmica e efeitos das mudanças de uso da terra na Amazônia; cultura e natureza nos trópicos úmidos; mudanças climáticas e emissões de gases-traço na Amazônia, tecnologias aplicadas aos trópicos úmidos e processos de interação biosfera-atmosfera (FREITAS, 2004; MANZI et al., 2006), entre outros. A maioria deles desenvolvida em parceria com instituições internacionais.

Ciência e Tecnologia em Áreas Prioritárias do Amazonas; Desenvolvimento Regional e Biotecnologia no Amazonas; Gestão da Política de Ciência e Tecnologia no Amazonas; Política Estadual sobre Mudanças Climáticas, Conservação Ambiental e Desenvolvimento Sustentável do Amazonas; e Projetos Estratégicos de CTI para o Polo Industrial de Manaus compõem os principais programas que movimentam os projetos sustentáveis, em especial os de formação técnica, pesquisa e a Política de Gestão de Ciência e Tecnologia e Inovação no Amazonas.

Contraditoriamente, consolida-se a perspectiva política de esse Estado brasileiro transformar-se no maior Centro Mundial de Desenvolvimento Sustentável na perspectiva ambiental, a despeito de ele possuir o pior saneamento básico do país, e 18,6% de sua população sobrevivendo em extrema pobreza, com renda mensal abaixo de R$ 70,00 (DIÁRIO DO AMAZONAS, 2011, p. 14).

Pesquisas feitas em 2010 pelo Instituto Brasileiro de Geografia e Estatística (IBGE) e divulgadas no *Diário Oficial da União* (2011) revelam que o Estado do Amazonas tem uma população de 3,2 milhões de habitantes, dos quais 1,8 milhão vivendo em Manaus e 1,5 milhão no interior do Estado. Esclarece também que são 648.694 pessoas vivendo em condições de extrema pobreza, 111.987 (6,2% da população da capital) em Manaus e 536.707 (82% da população do interior) nos demais municípios do Estado. Desses municípios, Parintins é o campeão estadual em número de miseráveis: são 22.877 em torno de 22,41% de sua população. Em escala nacional, o Estado do Amazonas é o quarto com maior índice de miseráveis (18,6%) perdendo apenas para Maranhão (25%), Alagoas (20,3%) e Pará (18,9%) conforme esse mesmo censo do IBGE (2010).

Esse quadro social contrasta com a importância política deste Estado, que tem feito grandes investimentos em ciência e tecnologia. Também sinaliza sobre a necessária renovação das elites políticas que têm dirigido esse Estado. As eleições estaduais e municipais nessa unidade federativa transformam-se em instrumentos de guerra, com assédios e constrangimentos morais e institucionais que comprovam que o estado de direito e o respeito ao voto livre ainda constituem sonhos distantes da "democracia" brasileira.

O comportamento altista e mórbido das autoridades públicas desse Estado diante de tal conjuntura social continua privilegiando o desenvolvimento econômico, que reafirma a concentração de renda na capital, em flagrante contradição com os mecanismos operacionais da sustentabilidade.

O entrelaçamento da sustentabilidade ambiental à promoção social na Amazônia continua sendo o principal desafio e uma dívida social do Estado nacional aos povos da região. A exuberância da natureza tropical no Amazonas deve ser compreendida como construção histórica de seus povos, que secularmente fundiram suas existências físicas e culturais aos seus ciclos.

O Amazonas possuía, em 2013, mais de 27 instituições de ensino superior e de pesquisa, públicas e privadas, com uma população universitária que ultrapassa 140 mil alunos universitários. Essas instituições movimentam 450 cursos de graduação, 55 programas de mestrado, 36 de doutorado com orçamento total médio e anual de R$ 700-800 milhões. A rápida ampliação do sistema de ensino superior e das redes de pesquisa nesse Estado, nesta década, põe perspectivas positivas para sua inserção na era da sustentabilidade, por meio de ações integradas ao desenvolvimento regional e em conectividade teórica e operacional com o IPCC.

As modelagens e o controle analítico e empírico do IPCC (2007) apresentam diversos indicadores de tendência de desestabilização climática do planeta, com ênfase: ao crescimento do estoque de gases-traço na atmosfera, em especial do dióxido de carbono, do metano e dos óxidos de nitrogênio, intensificando o efeito estufa; à fusão das camadas de neve em superfícies terrestres e do gelo das calotas polares, com o aumento e o crescimento do número de lagos glaciais; à elevação dos níveis médios dos oceanos em 17cm no século XX; e às mudanças nos padrões de vários fenômenos e ciclos da natureza. Destacam as possibilidades reais de variações nos índices pluviométricos, nos graus de salinidade e acidez (prevê-se a diminuição de 0,14 a 0,35 unidades no pH) dos oceanos, nas cadeias da flora e da fauna dos oceanos, na intensidade de ciclones e tornados tropicais, nos padrões de vento e circulação atmosférica, entre outras secundárias.

O IPCC também ressalta que: a duplicação de concentração de CO_2 na atmosfera resultará em provável aumento de $3°C$ e não menos que $1,5°C$ na temperatura média do planeta; na eliminação completa da lâmina de gelo da Groenlândia que poderá resultar em elevação do nível do mar em 7m; o aquecimento planetário reduzirá o sequestro de CO_2, aumentando o estoque deste composto na atmosfera e, portanto, retroalimentando e agravando o efeito estufa. Indica também a possibilidade de aumento na frequência de eventos climáticos extremos, noites e dias mais quentes e frios; em chuvas mais fortes, e em ciclones e tornados tropicais mais intensos.

E com o seguinte agravante: as concentrações de outros gases de efeito estufa crescem rapidamente na atmosfera terrestre. Os principais deles são o(s): dióxido de carbono (CO_2 – 50%; queima de combustíveis fósseis), metano (CH_4 – 15%; processos agrícolas e uso de combustíveis fósseis), vapor de água (10%), ozônio (O_3 – 9%), clorofluorcarbonetos (CFCs – 8%; sistemas de refrigeração e de aerossóis – *sprays*), óxido nitroso (N_2O – 6%; mais de 1/3 de todas as emissões é de origem agrícola), entre outros de menor relevância.

Os registros também mostram que, majoritariamente, as principais fontes primárias de emissões de carbono se distribuem por meio de dois mecanismos:

- Do uso de combustíveis fósseis (carvão, gás, gasolina e óleo) – com contribuição de 5,8-6,0 bilhões de toneladas carbono – distribuídos ao aquecimento residencial e setor de serviços (15%); transporte (27%); energia industrial em geral (57%) e outros (1%).

- Do uso da terra (desmatamento, derrubada de florestas, setor agropecuário) com contribuição de 1,2-1,6 bilhão de toneladas de carbono, existindo grande incerteza nessa última estimativa, que corresponde a 20-22% da emissão total de carbono.

Os registros confirmam que a concentração de CO_2 aumentou de 280ppmv desde a segunda metade do século XVIII para 379ppmv CO_2 em 2005, demonstrando a contribuição do processo de industrialização ao aquecimento do planeta (1ppmv de CO_2 corresponde à existência na atmosfera de 1 molécula de CO_2 para 1 milhão de moléculas de ar seco). Destaque aos principais países emissores em 2012: China (28%); (Estados Unidos (15%); Índia (5,7%); Rússia (5,1%); Japão (3,8%); e Alemanha (2,3%), mostrando a correlação direta entre os Produtos Internos Brutos (PIBs) mundiais e a quantidade de carbono emitido e estocado na atmosfera terrestre, pondo responsabilidades e compromissos diferenciados para esses países. O Brasil emite atualmente 460 milhões de toneladas de CO_2 por ano (1,3% das emissões mundiais), sem a inclusão das contribuições originadas de queimadas.

O IPCC reafirma que a futura vulnerabilidade socioeconômica dos países dependerá dos impactos das mudanças climáticas, e, também, do tipo de desenvolvimento que ele escolher. Reforça a necessidade em se privilegiar as culturas regionais, o uso da terra e dos ecossistemas integrado às potencialidades regionais e ao conhecimento tradicional, a implantação de mecanismos preventivos às catástrofes naturais, de plataformas tecnológicas e cadeias científicas estruturadas com informações que privilegiem as dimensões humanas integradas aos processos da natureza, e o uso de múltiplas fontes energéticas.

Em forma tópica o IPCC sugere, como fator de inibição de emissões, a drástica valoração das *commodities* de carbono (em 2005 a tC foi estimada como valendo US$ 43 que corresponde a US$ 12 por tCO_2). Esses valores foram imediatamente elevados para US$ 350 por tC que corresponde a US$ 130 por tCO_2. Em médio e longo prazos, os cenários termodinâmicos projetados pelo IPCC reafirmam a necessidade de se criar nova matriz industrial em escala mundial.

Para uma elevação de 1,5-2,5ºC na temperatura média do planeta são previstos a extinção de várias espécies vegetais e animais e modificações estruturantes na arquitetura, estrutura mecânica e dinâmica ecológica dos ecossistemas terrestres; os impactos negativos nas matrizes agrícolas regionais e mundiais afetando as cadeias alimentares, a disponibilidade dos produtos agroflorestais, a geografia e a dinâmica socioeconômica das regiões localizadas nas costas e áreas baixas, e também nos sistemas de atendimento e prevenção de saúde pública.

O processo de aquecimento do planeta também põe a possibilidade de savanização dos biomas amazônicos, impactando diretamente os oito países que compõem a Amazônia Pan-americana e mais de 250 culturas endógenas, colocando em risco a sobrevivência da maior floresta tropical úmida do planeta.

O papel singular da Amazônia na estabilidade ecológica do planeta e sua significação no processo de desenvolvimento socioeconômico do Brasil constituem pressupostos para reafirmar sua importância ao desenvolvimento do Brasil.

4.3 Agenda de ciência e tecnologia para os estados da Amazônia

As agendas científicas e tecnológicas dos estados que compõem a Amazônia Brasileira articulam-se às socioeconomias dos mesmos, conforme organizado por Marilene Corrêa da Silva Freitas em Relatório sobre as demandas de CTI dos estados da Amazônia Brasileira, construído em 2006, com as devidas atualizações.

Roraima – Seu desenvolvimento econômico e tecnológico encontra-se assentado em diversos arranjos produtivos, com destaque para: apicultura, fruticultura, grãos, mandiocultura, biotecnologia, piscicultura e agropecuária em convênios com o Ministério de Ciência e Tecnologia (MCT), Banco da Amazônia (Basa) e o Conselho Nacional de Pesquisas (CNPq). Melhoria de infraestrutura laboratorial e serviços tecnológicos, vigoroso plano para fixação, formação e apoio aos recursos humanos pós-graduados, investimento na iniciação científica e em programas de difusão e popularização da ciência, implantação de Plataformas de Informação e Comunicação, Núcleos de Inovação Tecnológica, e de câmaras setoriais e temáticas que integrem as agendas de CTI e desenvolvimento econômico dessa unidade federativa, constituem suas prioridades públicas. A implantação de Secretaria de Ciência e Tecnologia, em Roraima, constitui ação política necessária à organização de Política de Ciência e Tecnologia consistente e integrada à sua socioeconomia.

Rondônia – Sua Política de Ciência e Tecnologia propõe construir as condições estruturantes necessárias para produzir conhecimento científico, desenvolver tecnologias inovadoras e apropriadas, o uso racional de recursos naturais e a verticalização do setor produtivo em bases sustentáveis para seu desenvolvimento socioeconômico. O Programa Rondoniense de Tecnologias Apropriadas com objetivo de agregar valor à produção proveniente da pequena propriedade rural, micro e pequenas empresas concentradas nos setores moveleiros, produção e aproveitamento do leite, piscicultura, fruticultura, culturas industriais, informação e pesca artesanal, constitui o principal eixo-motor dessa Política de CTI. Consideram-se como implantadas as plataformas tecnológicas de madeira móveis, piscicultura, fruticultura e cafeicultura. Destacam-se, na última década, a implantação e o desenvolvimento de agenda científica na área de saúde, com ênfase na pesquisa biomédica sobre doenças infectocontagiosas e parasitárias que deu base à criação do Ipepatro, e que se apresenta como importante núcleo de formação de pesquisadores e grupos de pesquisa nessa área, com impacto na política pública de saúde e doenças tropicais da região e do Brasil. A construção das usinas hidrelétricas de Santo Antônio e Jirau põe demandas diferenciadas a esse Estado: novos cursos de formação tecnológica, recursos humanos especializados, modernização dos arranjos produtivos com inovações tecnológicas, melhoria das estruturas de serviços, implantação de núcleos de inovação tecnológica, integração regional e implantação de plataformas tecnológicas vocacionadas; são todas elas dimensões técnicas imprescindíveis ao seu desenvolvimento econômico. A agenda ambiental reafirma a necessidade de se imprimir sustentabilidade a esse desenvolvimento com programas que articulem economia com inclusão social e preservação ecológica do Estado.

Pará – Sua economia encontra-se assentada na(s): exploração e exportação dos recursos minerais em grande escala, atividades agropecuárias, extrativismo e exportação *in natura* de produtos da floresta e do subsolo. O grande desafio desse Estado é ampliar e diversificar a base produtiva, diminuir as desigualdades intrarregionais, agregar valor aos produtos locais, reduzir os riscos ambientais e o desmatamento na região. Os desafios do Estado do Pará correspondem, em grande parte, aos desafios da Amazônia interiorana, ao mesmo tempo em que se apresentam condicionamentos básicos similares, para se estabelecer relação entre conhecimento e desenvolvimento, tais sejam: maior acesso a informação, redução das desigualdades sociais, regionais e das condições de vida no campo e cidade, incentivo à geração e difusão de tecnologias apropriadas, à inovação tecnológica e formação especializada de recursos humanos, apoio, expansão e infraestrutura de pesquisa, regulamentação e certificação dos produtos e processos econômicos e maior densidade de investimento no desenvolvimento de programas científicos e soluções de APLs ligados às prioridades de grãos, *designer*, móveis e artefatos de madeira, fruticultura regional, joias e gemas, pesca e aquicultura, tecnologia naval, artesanato mineral, floricultura, olericultura e plantas medicinais, setores de couro/calçados, ecoturismo, dentre outros. O Estado do Pará estrutura essas demandas por meio dos programas: Paraense de Fixação de Recursos humanos, Apoio ao Desenvolvimento Científico e Tecnológico do Pará, Paraense de Design, Plataformas Tecnológicas (turismo, fruticultura, pesca e aquicultura), Rede Pará de Tecnologia, Paraense de Tecnologias Industriais Básicas, Paraense de Tecnologias Apropriadas, Parque Tecnológico, Plataformas de Tecnologias de Informação e Comunicação e o Programa Paraense de Incentivo à Produção do Biodiesel. É o Estado da Região Norte que tem as instituições mais antigas de pesquisa e maior número de pesquisadores (Museu Goeldi e Instituto Agronômico do Norte), maior número de mestrados e doutorados, grupos de pesquisa de maior acesso aos mecanismos de financiamento da política nacional de C&T, e a única instituição específica para a compreensão científica do desenvolvimento da economia política da Amazônia Brasileira e Continental, o Naea – Núcleo de Altos Estudos Amazônicos –, ligado à Universidade Federal do Pará. Há também no Estado política institucional de articulação entre as ciências geológicas, o setor econômico ligado à mineração e instituições universitárias e de pesquisa em torno do desenvolvimento de agenda mineral como nicho de excelência e de identidade econômica integrada às preocupações ambientais.

Amapá – A ausência de projeto nacional para a região amazônica e a institucionalização da região como patrimônio natural nacional desafiam a organização do desenvolvimento de políticas regionais para geração de riqueza. Atualmente a Secretaria de Ciência e Tecnologia do Amapá desenvolve um programa estratégico para implantar projetos que atendam: carência de competências em CTI, formação de base tecnológica local (engenharias, químicas, farmácia, medicina, física, biologia etc.), formação pós-graduada em áreas prioritárias para o desenvolvimento científico e econômico, tais como: florestal, botânica, zoologia, recursos hídricos, pesca, sistemas costeiro e marinho e biotecnologia. A exploração econômica da mineração e a criação de infraestrutura laboratorial para apoiar arranjos produtivos locais também constituem necessidades locais. A agenda ambiental, incluindo o Programa do Corredor da Biodiversidade, que constrói alternativas para gerar oportunidades de desenvolvimento, com utilização sistemática dos recursos naturais, associadas à conservação ambiental, e o Programa de Difusão Tecnológica para o Desenvolvimento Econômico e Social também são dimensões técnicas importantes para a integração regional do Amapá.

Tocantins – Esse Estado tem a pecuária e a agricultura de grãos como atividades estruturantes da economia local; ecoturismo e atividades extrativistas tradicionais completam esse quadro. Integração da agenda de CTI nacional aos arranjos produtivos locais e aos programas ambientais constitui mecanismo necessário à dinamização da economia estadual. Formulação de diretrizes e orientações estratégicas, implantação de estrutura gestora governamental, criação de centros de pesquisas e polos tecnológicos, e os novos investimentos em CTI pelo governo estadual apresentam perfil promissor na organização das atividades econômicas diretamente ligadas à ciência e à tecnologia desse Estado. Recursos humanos especializados e institucionalização de cultura de pesquisa e inovação continuam sendo, também, as grandes prioridades desse Estado.

Acre – Esse Estado apresenta-se como porta para o mercado do Pacífico e potencial corredor de importação e exportação capaz de atrair investimentos e consolidar definitivamente a política de desenvolvimento econômico sustentável assentada em arranjos produtivos vocacionados. São base de sua política econômica os produtos da floresta, tais como: borracha, castanha, madeira, farinha, fármacos, cosméticos, artesanatos, palmito, frutas tropicais, produtos cerâmicos, óleos, resinas naturais. Toda definição das potencialidades desses produtos, arranjos produtivos e cadeias estão definidos nos modos de uso intrarregional dos territórios e municípios do interior, que se embasa no manejo florestal comunitário, privado e público. Essas atividades se concentram em negócios ligados à biodiversidade, ao desenvolvimento e à introdução de tecnologias e modernização das atividades produtivas, com vistas ao desenvolvimento social e ambiental baseado na economia florestal sustentável, por meio do uso múltiplo da floresta e da inclusão social. Com essa estrutura produtiva, a indústria da floresta e o mercado de produtos florestais buscam incentivos, crédito e infraestrutura, agregação de valor, atração de novas indústrias, adoção do manejo florestal como método de gestão florestal e certificação dos produtos regionais. As políticas setoriais extrativistas e florestais dirigidas à produção e ao manejo florestal, apoio ao setor madeireiro e não madeireiro, recuperação da produção e beneficiamento da borracha e castanha, e geração de informações tecnológicas e certificação desses produtos destacam-se na socioeconomia acreana. O Estado do Acre tem a Fundação de Tecnologia (Funtac) com missão de produzir soluções tecnológicas e a competência de elaborar, coordenar e supervisionar sua política de CTI. Dá-se destaque às linhas de pesquisa e instrumentos de desenvolvimento científicos e tecnológicos dirigidos às demandas das comunidades e à identidade econômica acreana: assentamento sustentável, recursos e planejamentos florestais, manejo florestal de uso múltiplo, mudanças climáticas, sistemas agroflorestais, energia, antropologia indígena, paleontologia e tecnologias de alimentos. Entre suas principais demandas estruturantes, destacam-se: melhoria de infraestrutura física dos laboratórios de pesquisa e serviços, plataformas tecnológicas vocacionadas, bioindústria, qualificação dos pesquisadores, dificuldade de acesso aos editais nacionais e maiores aportes de recursos financeiros. A consolidação de: sistemas agroflorestais, manejo florestal sustentável (de uso múltiplo, comunitário e empresarial), consultorias e assistência técnica, publicações acessíveis às comunidades da floresta, tecnologias habitacionais para população de baixa renda, inovações tecnológicas para produtos cerâmicos e implantação de laboratórios de certificação de mudas e sementes florestais, tecnologias e produtos naturais – medicinais, para o apoio tecnológico à fábrica de preservativos masculinos e ao fortalecimento da sustentabilidade ambiental – também constituem prioridades da Política de CTI do Estado do Acre.

O paradigma do desenvolvimento sustentável põe novas prioridades e compromissos ao desenvolvimento regional e às políticas públicas, em especial à Política de CTI do Brasil dirigida ao desenvolvimento da Amazônia.

4.4 Desenvolvimento sustentável e Amazônia: ciência e tecnologia com inclusão social

No período de 12 a 17 de julho de 2009, pela primeira vez, oitenta e seis sociedades científicas lideradas pela Sociedade Brasileira para o Progresso da Ciência (SBPC), reuniram, em Manaus, em torno de sete mil brasileiros para debater os problemas da região. Esse grande público – constituído por professores, cientistas, políticos, executivos, gestores, alunos, escritores, músicos e sociedade em geral, e demais participantes do Brasil – discutiu o passado, o presente e o futuro da Amazônia numa perspectiva educativa, científica e tecnológica, incluindo a cultura e o legado geo-histórico de seus povos tradicionais, propondo soluções às questões complexas da região.

A mundialização da Amazônia e a Amazonização do mundo; integração da Amazônia ao projeto nacional soberano, federativo e republicano brasileiro; estratégias para fortalecer e modernizar as matrizes industriais da região; construção da política de difusão e popularização científica centrada nos valores culturais regionais; desenvolvimento da política local, nacional e internacional que valorize a relação homem-natureza de forma sustentável considerando as águas, solos, atmosferas e climas como geradores da vida no planeta e um "bem" coletivo para usufruto das futuras gerações; problemática dos direitos e das titularidades no processo de ocupação e uso da Amazônia; geo-história natural e humana dos ciclos da vida na Amazônia; tecnologias de comunicação, informação e educação nos trópicos úmidos, em múltiplas dimensões socioculturais; preservação ecológica e programa espacial brasileiro para a Amazônia; e institucionalização das políticas públicas básicas – alimentação, saúde, transporte, energia, educação, trabalho, cultura, inclusão digital, geração de renda e emprego – e o futuro da região, também, numa perspectiva amazônica foram as principais temáticas que movimentaram essa importante reunião científica no campus da Universidade Federal do Amazonas, com parcerias da Universidade do Estado do Amazonas, Instituto Nacional de Pesquisas da Amazônia, Sistema de Ciência e Tecnologia do Estado do Amazonas, Ministério de Ciência e Tecnologia e apoio da Prefeitura de Manaus, do Centro e da Federação de Indústrias do Amazonas, do Banco da Amazônia e de outras instituições brasileiras.

Diversas polêmicas foram confrontadas, com ênfase para a eliminação da pobreza e do isolamento socioeconômico das populações amazônidas; a construção de uma nova concepção estética da Amazônia-Mundo; o desenvolvimento sustentável da Amazônia em condição de maior biblioteca-viva do planeta; a Amazônia enquanto processos ecológico e simbólico mundiais; a Amazônia enquanto espaços estratégicos para o Brasil e o mundo; a Amazônia enquanto fonte de reciclagem do planeta; a Amazônia enquanto termostato do planeta; segurança, soberania e internacionalização da Amazônia; e a Amazônia enquanto mecanismo de estabilidade climática do planeta. Sustentabilidade x natureza x cultura, sustentabilidade x inovações tecnológicas x processos produtivos, sustentabilidade x territórios x povos, sustentabilidade x economias x serviços ambientais, sustentabilidade x conservação x educação ambiental, e sustentabilidade x região x nação x mundo são outras temáticas que, também, estiveram presentes nos debates e nas proposituras teóricas e empíricas desse importante evento.

Novas concepções e estruturas socioeconômicas; novos fundamentos e processos organizativos da matriz educacional brasileira; novas espacialidades e conflitos territoriais regionais; novas redes, cadeias e plataformas tecnológicas integradas aos trópicos; novos processos de difusão e popularização da ciência e tecnologia; novas formas de uso e ocupação dos biomas amazônicos com inovações de gestão, processos e produtos integrados aos trópicos úmidos, em especial da biotecnologia, robótica, cibernética, nanotecnologia, química e mecânica finas, hipercomputação, linguística, arqueologia, artes, dentre outras, constituem elementos que também movimentaram os debates dessa reunião, gestando os fundamentos do futuro mais promissor para a juventude da região.

Conceber e implantar programas de ciência e tecnologia voltados ao aperfeiçoamento das matrizes industriais da Amazônia; consolidar políticas estaduais de mudanças climáticas e humanizar e integrar a Amazônia ao Brasil e ao mundo são desafios complementares assumidos pelos Sistemas de Ciência e Tecnologia dos Estados Amazônicos.

Melhorar a relação e o convívio entre pessoas, do homem com a natureza, da circulação e dos espaços coletivos das cidades, os aparelhos de atendimento coletivo, as políticas públicas de proteção e melhoria da cidadania, as plataformas de inclusão social e geração de emprego na Amazônia, a construção de um mundo movido por energia renovável e limpa, livre de poluições, com preservação da biodiversidade e do patrimônio natural e cultural, constituem desafios para todos. Em especial para os programas de educação, ciência e tecnologia na região.

A determinação política em se transformar o Estado do Amazonas em principal centro de desenvolvimento sustentável mundial resultou na implantação de conjunto de programas estruturantes estratégicos dirigidos à reafirmação de sua política pública de mudanças climáticas.

Destaque aos sete programas de CTI que se seguem:

• Programa Acelera Amazonas, que se propõe a implantar 30 mestrados e 30 doutorados na Universidade do Estado do Amazonas (UEA), no período de 2007-2016.

• Programa institucional do Sistema de Ciência e Tecnologia dirigido à implantação e organização da Política de Mudanças Climáticas, Unidades de Conservação e Desenvolvimento Sustentável do Estado do Amazonas, no período de 2007-2016.

• Projeto dirigido à implantação de centros de vocação tecnológica em seus sessenta e dois municípios, durante 2007-2016.

• Implantação do Curso de Licenciatura Plena em Educação Indígena em Ensino de Ciências, com a oferta, simultânea, de 2.500 vagas para os 72 povos indígenas que habitam os 62 municípios do Estado do Amazonas a partir de 2014; condição necessária para a instalação da Universidade Indígena.

• Construção de cinco torres (uma com 326 metros de altura contornada por outras quatro com 84 metros de altura) para experimentos científicos no município de São Sebastião do Uatumã no Estado do Amazonas (Amazonian Tall Tower Observatorium – Atto). Esse programa está sendo desenvolvido por meio de parceria do governo brasileiro com o governo da Alemanha representados pelo Instituto Max Planck de Química, Mainz, Instituto Nacional de Pesquisas da Amazônia (Inpa) e Secretaria de Ciência e Tecnologia do Amazonas por meio da Universidade do Estado do Amazonas. A Torre Alta foi inaugurada em agosto de 2015, pondo novas alternativas laboratoriais para reafirmar a importância da Amazônia para a estabilidade química e climática do planeta.

• Implantação do Centro de Biotecnologia da Amazônia (CBA) e da Rede de Biodiversidade e Biotecnologia da Amazônia Legal (Bionorte);

2003-2014, e 2009-2012. O CBA, órgão de inovação e empreendedorismo centrado na construção de produtos biotecnológicos a partir da biodiversidade amazônica, encontra-se em processo final de implantação (FREITAS, 1998).

• Novo Amazonas, 2010-2016. Este programa – coordenado pelo Ministério de Desenvolvimento Agrário (MDA), Ministério das Comunicações, Ministério de Ciência e Tecnologia e Secretaria de Ciência e Tecnologia do Estado do Amazonas, em parceria com outras secretarias, universidades e instituições sediadas no Amazonas – propõe implantar 1.100 Núcleos de Inovação Tecnológica (NIT) em comunidades rurais do Estado do Amazonas.

Integrar a Amazônia com o Brasil, humanizar a relação do homem com a natureza, melhorar a qualidade de vida das populações regionais, usar os ambientes de forma sustentável, explorar as riquezas da Amazônia em benefício do povo brasileiro, preservar a Amazônia e resolver os problemas científicos e tecnológicos complexos dos trópicos úmidos, constituem os principais pressupostos da política de ciência e tecnologia para o Desenvolvimento Sustentável da Amazônia.

4.5 Ciência e tecnologia e Amazônia: prioridades e compromissos

As avaliações sobre a gestão das Políticas de Ciência e Tecnologia dos Estados Amazônicos apresentam como prioridades imediatas: promoção da inovação tecnológica nas empresas e nas cadeias produtivas, pesquisa, inovação e desenvolvimento em áreas estratégicas para o desenvolvimento sustentável da região, interiorização das estruturas de ciência, tecnologia e inovação integradas ao desenvolvimento socioeconômico da região, e expansão, consolidação e novas formas de financiamento dos Sistemas Estaduais de Ciência, Tecnologia e Inovação.

Incorporar a Amazônia ao projeto nacional, de forma integrada à sua matriz produtiva e complexidade cultural e ecológica, exige programas e projetos científicos e tecnológicos inovadores, alicerçados em projetos, programas e ações que garantam sua humanização e integração regional e nacional por meio da institucionalização de políticas públicas que possibilitem: inclusão social, geração de renda e empregabilidade, participação e acesso das populações regionais aos benefícios de uso e usufruto do conhecimento tradicional, patrimônio genético e dos serviços ambientais, exploração de suas riquezas em benefício do povo brasileiro e, simultaneamente, sua preservação ambiental.

Construir uma Política de Estado de Ciência e Tecnologia do Brasil que abarque esses pressupostos exige modificações estruturantes nos processos de organização e gestão da política atual a partir de quatro novos eixos motores:

- Afirmação política da Amazônia enquanto questão nacional; mobilização e consenso político para sua humanização e integração regional e nacional.

- Identificação e garantia do financiamento do desenvolvimento socioeconômico da Amazônia de forma sustentável, e descentralização dos órgãos nacionais de fomento aos programas estruturantes de educação, ciência e tecnologia.

- Política de ciência e tecnologia inovadora e empreendedora, como agente-motor dos processos de desenvolvimento das regiões e do Brasil.

- Política de ciência e tecnologia consistente, integrada e vocacionada em áreas estratégicas, e dirigida à construção de mercado nacional e internacional sustentável.

Para consolidar as estruturas mecânicas e a base material desses quatro eixos propõe-se (Relatório do Encontro Estadual de CTI do Amazonas, 2010):

- Implantar sistemas de inovação de processos de gestão e produtos dirigidos aos incrementos de competitividade às matrizes produtivas da região; em especial do Polo Industrial de Manaus (PIM) e do Polo Minero-metalúrgico do Pará; descentralizar as agências federais de planejamento e execução de políticas de ciência, tecnologia, educação e de fomento ao desenvolvimento econômico do Brasil, tais como: CNPq, Finep, Capes, Ibama, BNDS, Inpe, Inpi; instalar representações do CNPq, Capes, BNDS, Inpi na região para atender as demandas regionais e as formulações e fomentos de novos programas de P,I&D na Amazônia Ocidental.

- Implantar plataformas tecnológicas que possibilitem a fusão da matriz produtiva eletroeletrônica *hightech* do Polo Industrial de Manaus (PIM) com os Programas de CTI dirigidos à construção de novos materiais e produtos e à organização de política pública dos serviços ambientais dos biomas amazônicos, priorizando os espaços e estruturas físicas interioranas. Construir mecanismos que integrem os Centros Estaduais de Mudanças Climáticas aos programas e bancos de dados centrados no uso e ocupação do solo, aos programas de desenvolvimento limpo e às redes científicas e tecnológicas que movimentam as políticas de mudanças climáticas, unidades de conservação e desenvolvimento sustentável da região.

- Reestruturar os Programas Nacionais de CTI, adequando-os à solução dos problemas complexos dos trópicos úmidos, tais como: a) modernizar a engenharia naval e construir mecanismos de segurança de transporte na região; b) criar Institutos de Tecnologias para os Trópicos com foco no desenvolvimento e aproveitamento sustentável das várzeas, engenharia ambiental, arranjos e cadeias produtivas vocacionadas, priorizando: biotecnologia, fruticultura, piscicultura, petroquímica, ecoturismo, *designer*, joias e novos materiais; c) desenvolver tecnologias sociais que possibilitem integrar as populações isoladas da Amazônia às redes digitais de comunicação e informação regionais, nacionais e mundiais; d) consolidar a bioindústria na região por meio de rede de "clusters biotecnológicos", com diferentes graus de complexidade, dirigidos à implantação de biofábricas; e) desenvolver programas voltados à construção de casas populares adaptadas aos trópicos; f) implantar sistemas de inovação e empreendedorismo por meio de laboratórios consorciados e integrados em áreas estratégicas: nanotecnologia; química fina; biologia molecular; instrumentação científica sensível; energia, linguística e arqueologia; óptica eletrônica; ecofisiologia; doenças tropicais; ecoturismo e *marketing* e alimentação.

- Criar estruturas científicas e tecnológicas dirigidas ao fortalecimento das políticas públicas e do desenvolvimento econômico das regiões de fronteira na Amazônia Brasileira. Essa ação pode-se concretizar por meio de Centros Universitários Estaduais em Polos de Desenvolvimento, ou de Centros de Vocação Tecnológica, de uso coletivo, acessíveis às comunidades, no limite de um por município, contendo espaços para biblioteca, filmacoteca, laboratórios de ciência para experimentos didáticos, oficinas vocacionadas, exposições científicas e artísticas, núcleos de inovação tecnológica e espaços para incubar pequenas e médias empresas, atividades culturais e ações de inovação e empreendedorismo, articuladas com os setores e arranjos produtivos municipais e regionais. Esses centros funcionarão em redes entre si e demais instituições regionais e nacionais, integrando e aplicando os conhecimentos científicos e tecnológicos às políticas públicas municipais. É importante priorizar as regiões em fronteiras e criar fundos estaduais e federais com esse objetivo.

- Implantar e popularizar o uso das estruturas laboratoriais de ensino de ciência e matemática nas regiões interioranas da Amazônia; e criar programa editorial centrado na geo-história amazônica, de forma integrada, e com alcance regional e mundial. A primeira ação desse tópico seria financiada por fundo nacional específico, podendo ser implantada nos Centros de Vocação Tecnológica propostos.

• Organizar mecanismos institucionais, facilitadores e solidários, ampliando o grau de conectividade e integração entre as instituições científicas e tecnológicas da região; implantar mais museus de ciências e centros culturais na Amazônia; e uma plataforma de informação e comunicação, priorizando a integração de bancos de dados, indicadores técnico-científicos e metodologias de avaliação de políticas públicas na região.

• Instalar os Conselhos Estaduais de Ciência e Tecnologia, com mecanismos que possibilitem melhor controle social no processo de decisões relativas ao uso da ciência e da tecnologia, em particular em casos que exista impacto potencial grande na qualidade de vida das populações da região.

• Desenvolver estruturas que articulem e integrem instituições científicas, universidades, centros e museus de ciência e escolas, num esforço nacional pela melhoria da qualidade do ensino (formal e informal) e da educação diferenciada. Essas ações de CTI podem ser integradas aos processos de educação formal por meio de ações conjuntas com as secretarias de Educação municipais e estaduais.

• Institucionalizar programas de pós-graduação arrojados para acelerar a formação doutoral na Amazônia, em áreas científicas e tecnológicas estratégicas ao seu desenvolvimento regional e nacional, com colaborações de instituições brasileiras e internacionais. Cabe destaque aos 30 programas doutorais em: biotecnologia; engenharias elétrico-eletrônica, mecânica, mecatrônica, química, ambiental, naval, transporte, produção, computação, alimentos, molecular; doenças tropicais, odontologia, educação, física, ensino de ciências e matemática, geografia física, geografia humana, antropologia, arqueologia, linguística, direito ambiental, meteorologia e hidrologia, geociências, história, desenvolvimento sustentável, administração, ciências florestais, biologia e ecologia. As parcerias acadêmicas com as principais universidades brasileiras, com destaque para USP, UFRJ, Unicamp, UFMG, UFRGS, UFPE e UnB, dentre outras, constituem dimensão pública importante para o êxito desse programa interinstitucional, imprescindível ao desenvolvimento regional com forte impacto em suas matrizes produtivas e de ocupabilidades. Essa política educional deve estar sob responsabilidade do Estado nacional, integrada e consorciada entre MEC/Capes e governos estaduais, por meio de seus sistemas de ciência e tecnologia, institutos e universidades sediadas nos estados.

• Associar a ação anterior com a organização de programas específicos para fixar recursos humanos especializados (mestres e doutores) nos municípios interioranos e desenvolver plano de modernização científica e tecnológica dos estados e do serviço público na Amazônia.

- Institucionalizar estruturas científicas e tecnológicas nos municípios garantindo o compromisso político local e a ampliação dos orçamentos de CTI de forma perene.

- Organizar processos de gestão e fomento que estimulem a formação e criação de programas de pós-graduação e o registro dos grupos de pesquisa das instituições privadas no Sistema Nacional de Pesquisa e Pós-Graduação brasileiro.

- Implantar mecanismos de ciência e tecnologia que articulem as demandas das matrizes industriais nacionais com as bases científicas e tecnológicas instaladas nas instituições regionais, em especial nos polos industriais dos estados amazônicos. Criar fundo financeiro para implantar centros de desenvolvimento tecnológico com foco em engenharias de produto e produção. Para desenvolver e produzir medicamentos e vacinas, priorizar a instalação de centros de pesquisa clínica e a criação de centros de produção de substâncias químicas orgânicas. Recomenda-se a criação de fundo nacional especial que possibilite municipalizar a implantação desses centros conforme as vocações e as demandas regionais; na Amazônia, priorizar, também, as demandas emergentes das doenças tropicais.

- Implantar empreendimentos biotecnológicos por meio de incentivos específicos, em todas as instâncias federativas. Diminuir os tributos estaduais e federais para a cadeia de produtos biotecnológicos e criar linhas de créditos específicos para esse setor econômico.

- Organizar plataformas de proteção de conhecimentos, inovações e práticas dos povos indígenas e de outras comunidades locais, e mecanismos que garantam a repartição justa e equânime, entre eles, dos benefícios decorrentes do uso dos conhecimentos tradicionais associados à biodiversidade amazônica.

- Criar Centros de Diagnóstico e Controle de Desmatamento e Uso da Terra na Amazônia, e integrá-la à Política Pública em Serviços Ambientais dos estados. Fomentar a criação de redes e programas de inclusão sediados nos municípios, fortalecendo os programas e as participações comunitárias e associativas.

- Desenvolver programas que fortaleçam o ensino técnico, profissionalizante e universitário, articulando-os e vocacionando-os com empreendimentos dirigidos ao desenvolvimento econômico e humano das populações da Amazônia. Fortalecer e ampliar as escolas técnicas, integrando os cursos técnicos e profissionalizantes às políticas públicas municipais e estaduais, em especial, induzindo os cursos universitários, também, à solução de problemas regionais.

• Implantar programa estruturante que acelere a integração do Estado do Amazonas ao sistema nacional de produção, distribuição e uso de eletricidade. Essa proposta também interligará a Amazônia, em especial o Estado do Amazonas, ao programa nacional de inclusão digital por meio de fibra óptica.

• Organizar Programa de Biocombustível para Amazônia, em diversas escalas de produção, da familiar à de mercado; essa ação possibilitará que se retire da escuridão mais de 23 mil comunidades interioranas dessa região.

• Implantar programas para desenvolver fontes de energia alternativas, priorizando os aproveitamentos de biomassa, energia solar, energia eólica, e na hidrodinâmica para as regiões amazônicas, conforme suas potencialidades geográficas e socioeconômicas. Induzir programas tecnológicos para atender essas demandas e articular sua operacionalização, de forma integrada, com os ministérios de Ciência e Tecnologia, Minas e Energia, Indústria e Comércio, instituições regionais e secretarias de Ciência e Tecnologia da região.

• Ampliar a Plataforma de Inclusão Digital acessível aos municípios da Amazônia, incorporando novos conteúdos e tecnologias de convergência a essas redes eletrônicas. Priorizar os sistemas de bandas largas por meio de consórcios entre o Ministério de Comunicação, os governos estaduais e municipais e a iniciativa privada.

• Criar Plataforma Tecnológica para Uso e Preservação da Água nos centros urbanos e rurais da Amazônia; implantar plataforma de integração da Bacia Hídrica Amazônica com a pan-amazônica.

• Implantar plataformas para tratamento de resíduos sólidos e captação, tratamento e distribuição de água potável nos municípios da Amazônia.

• Organizar programa para aproveitamento socioeconômico das várzeas da Amazônia, em bases comunitárias e em parcerias com os municípios.

• Implantar programa para revitalizar o sistema aeroportuário da Amazônia devido às suas características socioeconômicas e à importância desse sistema em sua integração municipal, regional, nacional e internacional. Garantir as condições operacionais para a interligação modal, rodo-aero-fluvial, da Amazônia Ocidental com o Pacífico.

- Implantar Política de Segurança Alimentar para a Amazônia, quando possível, integrando a agricultura familiar aos demais programas institucionais; criar mecanismos de acesso sistemático de inovações tecnológicas aos pequenos e médios produtores.

- Implantar programa de exploração, comercialização das minas e jazidas da Amazônia, de forma moderna e sustentável. Priorizar extensão e regularização da legislação atual à exploração mineral em terras indígenas, conforme expectativas e interesses desses povos.

- Criar mecanismos que garantam estabilidade institucional e jurídica à Suframa. Agilizar os processos técnicos e administrativos de análise e aprovação dos Processos dos Produtos Básicos (PPB) demandados do Polo Industrial de Manaus.

- Aperfeiçoar e ampliar o Programa Aéreo-espacial para o monitoramento socioambiental da Amazônia Ocidental, de forma compartilhada com outras regiões e países amazônicos; potencializar a implantação da indústria aérea na região.

- Implantar, imediatamente, representações institucionais do Ministério de Relações Exteriores na Amazônia; a crescente internacionalização dos projetos e programas de CTI nesta região exige presença diplomática mais eficaz do Estado nacional. Induzir, também, imediata implantação de programa e mecanismos de colaboração internacional com os países que compõem a Amazônia Pan-americana, priorizando as ações de educação, ciência e tecnologia integradoras.

- Ampliar e aperfeiçoar os programas educacionais, garantindo acesso e universalização da educação básica aos brasileiros da Amazônia até 2015, priorizando as plataformas de ensino à distância (mediado).

- Instituir programas educacionais de formação básica e científica para os 150 povos indígenas da Amazônia Brasileira; implantar a Universidade Indígena.

- Implantar política fundiária na Amazônia que contemple, principalmente, os interesses dos povos nativos, dos pequenos proprietários e dos produtores da região numa perspectiva sustentável. Priorizar os programas de revitalização da memória histórica, zoneamento socioeconômico e ordenamentos territoriais, os estudos demográficos, migratórios, etnográficos e etnológicos.

- Organizar estruturas institucionais que possibilitem integrar os projetos e programas de pesquisa, inovação e desenvolvimento às Políticas Públicas de Defesa Civil dos estados da Amazônia.

Parte significativa desses empreendimentos pode ser concretizada por meio de parcerias entre poderes municipais, estaduais e federais, e a iniciativa privada. A logística complexa e a dificuldade de acesso aos municípios da Amazônia projetam altos investimentos na implantação desses projetos e programas, exigindo maior presença e atenção do Estado nacional na região.

De forma ampla, as características socioecológicas e econômicas da Amazônia impõem programas e soluções científicas e tecnológicas diferenciadas, embora a maioria dos programas estruturantes apresentados possa ser utilizada no processo de construção de modelos de desenvolvimento sustentável para toda região.

Esse conjunto de ações apreende os fundamentos e os mecanismos operacionais que movimentam a dinâmica da sustentabilidade na Amazônia, assim como suas articulações, mediações e nexos com o Brasil e o mundo, numa perspectiva da educação, ciência e da tecnologia.

4.6 Amazônia-Brasil e a sustentabilidade situada e localizada: problemas e impasses

O desenvolvimento sustentável configura-se como projeto de sociedade universal que tem por base a multirreferencialidade sociocultural na qual a escola é o lugar por excelência dessas aprendizagens. O que exige modificações estruturais nas matrizes dos programas de base disciplinar nas escolas e nas universidades dos países.

Nessa conjuntura, a sustentabilidade, enquanto processo de reafirmação da condição humana, pressupõe atributos processuais edificantes da Pós-modernidade, tais como a interculturalidade; a indissociabilidade da cultura-natureza; o controle social sobre os processos vitais de uso, produção e reprodução da vida; a educação, ciência, tecnologia e a inovação como eixos-motores dos modelos de desenvolvimento social e econômico; e políticas públicas sustentáveis acessíveis a todos.

Sustentabilidade e segurança alimentar; educação; artes; questão de gênero; energias alternativas; habitação; saúde e saneamento; tecnologias sociais; uso e ocupação do solo; e reordenamento socioeconômico rural e urbano; tecnologias de informação e comunicação; bioindústria; tecnologias de ruptura – cibernética, nanotecnologia, fotônica, robótica, aeroespacial –; arranjos produtivos e redes tecnológicas educacionais e de monitoramento e gestão ambiental; tecnologias apropriadas e plataformas tecnológicas; sustentabilidade e cultura são dimensões imprescindíveis para a consolidação das políticas públicas sustentáveis na era ecológica, da escala local à planetária, numa perspectiva cidadã e solidária. Programa político que, também, põe a necessidade de se estabelecer novas relações entre as pessoas, comunidades, das sociedades com o Estado nacional, entre os estados nacionais, com o mercado, com os ambientes, e em especial do homem consigo mesmo.

Nessa conjuntura, reafirma-se o papel estratégico da educação, ciência e tecnologia, no processo de unificação do planeta por meio de redes e plataformas tecnológicas que se encontra em curso.

A importância da Amazônia nesse quadro mundial ainda encontra-se em processo de construção. Nesta segunda década do século XXI a Amazônia apresenta-se ao Brasil e ao mundo como *locus* importante nesse processo, com novos projetos e programas estruturantes à humanidade. Põem-se as possibilidades concretas de se construir novas perspectivas sociais dirigidas ao aperfeiçoamento do homem, das sociedades e dos modelos de desenvolvimento econômico; representa também um patrimônio para ser usufruído pelo povo brasileiro.

No limite, pode-se estabelecer o conjunto de compromissos na estrutura organizativa das políticas públicas federais e estaduais, pactuando e consensuando um plano de ação em CTI para a região, em parceria com as instituições nacionais.

4.7 Carta de compromissos de ciência e tecnologia pela Amazônia sustentável

A importância da Amazônia para o Brasil constitui unanimidade nacional. Nessa região encontram-se a maior biodiversidade mundial, 1/3 das reservas mundiais de florestas tropicais, 1/5 da água doce superficial do planeta convergindo para o maior e mais volumoso rio do mundo, além de se constituir em entidade física relevante nas estabilidades termodinâmica e climática dos processos atmosféricos em escala planetária. A Amazônia Brasileira é formada pelos estados do Amazonas, Acre, Pará, Amapá, Roraima, Rondônia, Tocantins, partes dos estados do Maranhão e Mato Grosso, totalizando 4.987.247km^2, 3/5 do território brasileiro e 2/5 da América do Sul, que corresponde a 1/20 da superfície terrestre, 1/3 das florestas tropicais mundiais e 1/5 da biodiversidade em terra sólida do planeta. Nesses 9 estados habitam 24 milhões de pessoas, 4/1000 da população mundial com mais de 60% desses habitantes morando em áreas urbanas, dentre os quais 163 povos indígenas, que totalizam 204 mil pessoas, ou 60% da população indígena brasileira. A Amazônia também possui complexa hidrografia com mais de 75.000 quilômetros de rios navegáveis, 50% do potencial hidrelétrico do Brasil, 12 milhões de hectares de várzeas, grande potencial madeireiro e fonte de biomassa, 11.280km de fronteiras internacionais e ricas reservas minerais.

A institucionalização de políticas públicas na Amazônia de forma plena exige a implantação de modelos de desenvolvimento sustentáveis integrados às suas complexidades culturais, ecológicas e socioeconômicas. Modelos compromissados com sua integração regional e nacional e a organização de estruturas e tecnologias sociais acessíveis a todos, gerando renda, valorização social e cidadania para as suas populações, e preservação ambiental na região.

Por essas razões, reivindicam-se os seguintes compromissos federativos e republicanos das Políticas de Estado em Educação e em Ciência e Tecnologia do Brasil com as políticas públicas na Amazônia:

- Mobilizar a sociedade brasileira para reafirmar a importância da educação, ciência e tecnologia como processo de humanização e desenvolvimento socioeconômico da Amazônia e do Brasil.

- Investir R$ 3 trilhões na Política de CTI direcionada à integração regional e nacional da Amazônia ao projeto nacional, durante 2015-2020.

- Garantir a soberania e institucionalizar a presença do Estado nacional na região, com integração, descentralização e interiorização das agências estaduais e federais de planejamento e execução de políticas públicas e fortalecer a cooperação entre o Brasil e os países amazônicos por meio de programas de CTI.

- Implantar programas de formação tecnológica vocacionados e redes de pós-graduação integradas à região.

- Investir em infraestrutura e no fortalecimento dos polos industriais regionais por meio de redes laboratoriais e plataformas tecnológicas *hightech*, das TICs, e dos arranjos produtivos vocacionados.

- Priorizar investimentos em CTI articulados às políticas públicas de educação, saúde, transporte, abastecimento e segurança alimentar integrada à agricultura familiar, habitação, inclusão digital e aos mecanismos de desenvolvimento limpo na Amazônia.

- Acelerar o processo de integração dos estados amazônicos ao sistema nacional de produção, distribuição e uso de eletricidade, e ao uso sustentável de fontes alternativas de energia; criar tecnologias sociais que assegurem o acesso das populações interioranas às redes digitais de comunicação e informação regionais, nacionais e mundiais.

- Implantar centros de diagnóstico e controle de desmatamento ilegal e uso da terra, e política pública em serviços ambientais integrada à Amazônia, com recuperação de áreas degradadas, conservação da biodiversidade, recursos hídricos e mitigação das mudanças climáticas.

• Implementar o Zoneamento Ecológico-Econômico e criar mecanismos estruturantes que ampliem e incorporem mais competitividade às matrizes industriais e às matrizes produtivas da região.

• Assegurar formação científica e direitos constitucionais aos povos indígenas e às comunidades tradicionais, e promover a equidade social, considerando gênero, geração, raça, classe social e etnia.

• Implantar Plataforma Tecnológica para Uso e Preservação da Água nos centros urbanos e rurais da Amazônia, priorizando mecanismos de integração da Bacia Hídrica Pan-amazônica; revitalizar o sistema aeroportuário da Amazônia, priorizando sua integração municipal, regional e nacional, e sua interligação modal e rodo-aero-fluvial.

• Interiorizar a política de inovação, empreendedorismo e sustentabilidade na Amazônia; e,

• Institucionalizar programa nacional de difusão e popularização da CTI centrado na Amazônia.

Esses compromissos se materializarão na base de projetos e programas de CTI para a construção da Amazônia sustentável. O seu futuro sustentável depende da ação impactante da Educação, Ciência e Tecnologia na região, na mesma proporção que o futuro do Brasil, também, depende do grau de desenvolvimento da Amazônia, reverberando nos modelos de desenvolvimento sustentável em âmbito mundial, com novos desafios e compromissos institucionais.

PARTE III

Sustentabilidade e cidadania

Desenvolvimento sustentável e cidadania:
rupturas e ressonâncias institucionais

O mundo mudou radicalmente desde o início do século XX. Industrialização intensiva, concentração populacional nas cidades e inserção da mulher no mercado de trabalho são referências históricas desta época, também marcada por guerras mundiais e por rígido controle político e econômico pelos países centrais. Neste período, as políticas de educação, ciência e tecnologia tiveram papéis relevantes na construção das políticas públicas que resultaram em melhoria de qualidade de vida e no processo de humanização das pessoas e sociedades. O século XXI incorpora desafios novos nesse processo: sustentabilidade, inovação e empreendedorismo. Noções que exigem novas aborgagens, metodologias, estratégias e intervenções da educação, ciência e tecnologia nos processos de ressignificações da cidadania e do desenvolvimento econômico, numa perspectiva de promoção social e de preservação ambiental.

Palavras-chave: Ciências da educação-cidadania-sustentabilidade; CTI-cultura-políticas públicas.

5

Desenvolvimento sustentável no século XXI: desafios e compromissos

Centralidades e impasses

As recentes crises estruturais do capitalismo contribuem para a emergência de uma nova geopolítica mundial. O crescente fluxo financeiro em direção ao Oriente, a desestabilização do sistema tributário europeu, os desastres naturais com grandes impactos na economia japonesa, o abalo da economia dos Estados Unidos e a afirmação política e econômica dos países emergentes, incluindo o Brasil, no cenário internacional, são elementos característicos dessa geopolítica, que movimenta um grande quadro de incertezas em seu alcance mundial (ADLER, 2009). A crise ecológica planetária amplia essas incertezas com novos problemas e compromissos civilizatórios.

A incorporação da dimensão ecológica aos modelos econômicos faz com que eles tenham forte dependência de indicadores quantitativos dos fluxos de energia e massa, estimulando as pesquisas ambientais prospectivas e aplicadas, assim como as inovações tecnológicas comprometidas com novas matrizes industriais e formas de usufruto do planeta.

As teorias econômicas tradicionais estabelecem que o crescimento econômico depende da adequada combinação do capital com o trabalho e do conjunto de fatores, denominado "resíduo", que inclui progresso técnico, disponibilidade de recursos naturais, nível de formação e qualificação da população, comércio internacional e crescimento demográfico, entre outros fatores menos relevantes.

Amartya Sen (2001, p. 11-31) declara que, de forma ampla, existem duas concepções teóricas que orientam os estudos econômicos. A Teoria Formal de "Equilíbrio Geral", que tem como eixo central, a compreensão da dinâmica dos processos de produção e trocas financeiras que movimentam as forças econômicas do mercado; e a economia do "bem-estar" que tem como pressuposto a maximização real dos interesses pessoais e o critério utilitarista.

A incorporação da dimensão ecológica aos modelos econômicos faz com que eles tenham forte dependência de indicadores quantitativos dos fluxos de energia e massa, próprios dos ecossistemas regionais e planetários, estimulando as pesquisas ambientais prospectivas e aplicadas, assim como as inovações tecnológicas comprometidas com os mecanismos de desenvolvimento limpo.

A transição dos modelos econômicos *standard* para os modelos econômicos articulados à ecologia põe questões novas às instituições, governos, parlamentos, mercado e também à opinião pública mundial. É nessa conjuntura capitalista, contraditória e complexa, que emerge o paradigma do desenvolvimento sustentável, pondo novas perspectivas civilizatórias à humanidade.

5.1 Desenvolvimento sustentável e rupturas institucionais: arquitetura e contornos

A promoção do desenvolvimento sustentável depende da solução de problemas complexos: consumo, eficiência e desenvolvimento de fontes energéticas não poluidoras; reordenamento do setor de transporte terrestre e melhor gerenciamento dos sistemas de tráfego; substituição da atual matriz industrial poluidora; proteções aos recursos naturais marinhos e aos usos dos solos e atmosfera; institucionalização de mecanismos de medida e controle da poluição atmosférica; melhor gestão dos impactos das mudanças climáticas; combate à poluição sonora; eficiente gerenciamento e proteção dos recursos hídricos; preservação e adequada gestão da biodiversidade e do patrimônio natural; desenvolvimento de mecanismos que minimizem os riscos e protejam a saúde humana em matrizes ocupacionais insalubres; controle e melhor gerenciamento da ecotoxicologia e dos impactos dos fungicidas e pesticidas; mobilização de estruturas teóricas e empíricas das ciências econômicas e sociais; formação de recursos humanos para a gestão do desenvolvimento sustentável, e erradicação da miséria humana.

A transformação dessas variáveis dinâmicas em indicadores quantitativos a serem incorporados às políticas públicas constitui um problema sem solução em curto prazo, e que faz parte das pautas de pesquisa dos economistas, tecnólogos e dos cientistas envolvidos com processos sustentáveis.

O impacto dos efeitos externos, como aqueles relacionados às poluições, nos fundamentos das teorias econômicas, constitui outro elemento que prova que o jogo livre do mercado está longe de conduzir automaticamente ao estado eficiente da economia padrão. A solução para esse problema materializa-se por meio do fundamento do princípio que propugna que o agente contaminador é responsável pelos custos financeiros decorrentes do processo de poluição, em todas as etapas de descontaminação.

De forma ampla, o impacto da poluição na vida social envolve não somente questões financeiras, mas também inclui julgamentos de valores, característica eminentemente política. O que põe questões do tipo: Quais são os custos da diminuição de esperança de vida, dos processos de imobilizações, hospitalizações, efeitos colaterais das medicações e perda de juventude da pessoa devido à ação de determinado agente poluente?

A economia padrão, também, propõe resposta ao problema central de esgotamento dos recursos naturais: basta acrescentar ao preço de matérias-primas o valor financeiro, calculado de forma que ele aumente à medida que o estoque esgote, e que a demanda tenda se anular. Essa proposta também prevê o investimento em "capital reprodutível" (máquinas etc.), com essa renda sendo utilizada para compensar o esgotamento do capital natural, por meio da criação de capital técnico.

Caso singular refere-se à incorporação da dinâmica do ciclo do carbono no desenvolvimento dos modelos econômicos ambientais, mobilizando segmentos empresariais e grupos de pesquisadores interdisciplinares. O estabelecimento do valor econômico do carbono, as metodologias utilizadas na medição de suas emissões, o impacto não linear dessa nova variável nos demais fundamentos econômicos, a inserção dessa dimensão dos modelos econômicos nos projetos nacionais ou nas perspectivas sociopolíticas dos diversos países e a busca de consenso político no estabelecimento de sistema de permissões negociáveis de sua emissão (do carbono), são problemas complexos e polêmicos postos às ciências econômicas nas duas primeiras décadas deste século.

Em geral, os modelos econômicos baseiam-se na aproximação "custo-eficácia", e suas estruturas e arquiteturas analíticas possuem forte dependência do conhecimento teórico e empírico gerado nas ciências básicas. A concentração de estudos científicos de diferentes campos de conhecimento em temáticas ecológicas tem contribuído para as invenções de complexas estruturas teóricas e novos indicadores socioeconômicos, possibilitando o aperfeiçoamento dos modelos econômicos.

A crescente privatização dos meios de produção, próprios da dinâmica do modo de exploração capitalista, tensiona os princípios estruturantes dos modelos econômicos ambientais. Essa "onda" privatista encontra-se em flagrante contradição com a ideia de gestão em longo prazo das riquezas e da preservação ecológica do planeta, com o agravante de que a participação dos estados nacionais nesse processo exige altos investimentos que ainda não se encontram ao alcance ou disponível aos países subdesenvolvidos.

Aceitar como verdadeira a tese proposta por Rostow, segundo a qual as sociedades passam por cinco fases: sociedade tradicional, condições prévias do arranque, arranque, progresso *versus* maturidade, e era de consumo de massa, para então alcançar o desenvolvimento regular, e posteriormente o desenvolvimento sustentável (SZENTES, 1978, p. 152), significa condenar os países periféricos à condição de "eternos países subdesenvolvidos". É como se existisse somente uma única trajetória possível para os países alcançarem estágios de desenvolvimento mais avançados. Como se pudesse aprisionar e congelar, eternamente, os processos políticos nacionais às determinações mecânicas dos grupos hegemônicos que movimentam a economia-mundo. Os países ricos negam a natureza pluriforme do processo democrático. A democracia cria um conjunto de possibilidades e cada alternativa exibe dinâmicas diferenciadas que levam em conta as práticas efetivas dos direitos democráticos e políticos (SEN, 2000, p. 160), próprios de cada época e de cada povo.

Uma perspectiva socioeconômica diferenciada foi proposta por Maurice Strong em 1972. Ele conciliou diferentes relações entre desenvolvimento e meio ambiente, por meio do "ecodesenvolvimento". Esse conceito caracteriza o desenvolvimento das populações por elas mesmas, utilizando os meios dos recursos naturais disponíveis, adaptando-se ao ambiente que elas transformam sem destruir. É um tipo de planificação participativa, que permite o reequilíbrio dos poderes por meio das marchas do mercado, do Estado e da sociedade civil, conforme o perfil desta última (VIVIEN, 2001, p. 44-47).

A desconexão desta concepção de desenvolvimento com os mercados regionais e nacionais, o insucesso de várias experiências-piloto em regiões estratégicas situadas na Amazônia Pan-americana, África Central e sudeste da Ásia, e a ausência de uma perspectiva política mais ampla e eficaz para as populações-alvo, conspiraram contra mais essa iniciativa do capitalismo central.

De forma ampla, Godard (1997, p. 110-113) identifica três correntes de pensamentos, teóricas e empíricas, que analisam as relações do desenvolvimento econômico com as questões ambientais:

- A vertente que se guia, prioritariamente, pelas "estratégias de ecodesenvolvimento", orientadas pelo asseguramento das condições básicas de atendimento e assistência social necessárias ao estabelecimento do regime de cidadania plena. Essa vertente propõe-se priorizar as comunidades e populações com os piores indicadores sociais. Ela combina métodos de ação que valorizam a participação comunitária nos programas de desenvolvimento, desde suas formulações, planejamentos, execuções e avaliações, integrando-os às vocações e às potencialidades locais e regionais. Estimula também, de forma sistêmica, a exploração dos recursos renováveis da natureza sem depreciação dos ciclos ecológicos.

• A segunda corrente de pensamento, que culminou na emergência da "bioeconomia" ou "economia ecológica", tem como pressuposto construir novas formulações de modelos econômicos assentados na complexidade do conhecimento sistematizado, em particular na área de ciências da natureza. Essa corrente enfatiza a impossibilidade dos processos econômicos responderem satisfatoriamente, de forma sustentável e em diferentes escalas espaciais e temporais, às atuais demandas sociais. Ela também polemiza as questões sobre os serviços ambientais e capital natural imbricados nas novas formulações de modelos de desenvolvimento econômico.

• Godard identifica a terceira vertente relacionando-a com a tese revitalizada, em diferentes gradações, da Teoria Neoclássica de Equilíbrio e Crescimento Econômico, que propugna a inexistência de relação entre crescimento econômico e degradação ambiental; outros especialistas analisam a eficiência econômica dos regimes de exploração dos recursos naturais não renováveis, suas implicações sobre a dinâmica desses recursos e o modelamento analítico de projeções de crescimentos econômicos e configurações societárias em longo prazo.

Na realidade há somente duas tendências que guiam a construção dos modelos econômicos. A vertente que centra as abordagens, estratégias e modelos no indivíduo, comunidade, e na sociedade civil organizada, tendo como eixo central o princípio da equidade; e a outra vertente que emerge a partir do capital e que se encontra alicerçada nas técnicas, tendo a eficiência e a produtividade, como principais referências. A hipótese, subjacente nessas duas correntes de pensamento, que a cultura encontra-se dissociada da natureza, constitui sua fragilidade teórica que impede maior alcance heurístico das mesmas. Por outro lado, a crescente complexidade do conhecimento sistematizado fortalece ambas as vertentes, considerando que elas possuem forte lastro científico e se originam da mesma ontologia.

A economia também tem forte conectividade com as novas formas de ordenamento jurídico e do estabelecimento dos princípios reguladores das políticas de uso e exploração dos solos, das águas e da atmosfera. Esses problemas emergentes tensionam os fóruns políticos e econômicos internacionais, sem perspectiva de solução em curto prazo. A inserção do desenvolvimento sustentável nesse processo doutrinário, também, põe elementos novos à humanidade, em diferentes escalas.

Um princípio geral que permeia e apreende os processos específicos e ordenadores da existência humana e a organização socioeconômica das sociedades é o Princípio de Responsabilidade, enunciado por Jonas. Esse princípio impõe a necessidade dos efeitos das ações do homem serem compatíveis com a existência de vida autenticamente humana no planeta (JONAS, 1990, p. 31-56).

Freitas (2010) afirma que não existem somente dois tipos de sustentabilidade: a dos países ricos e a dos países pobres; afirma também que sustentabilidade não pode ser confundida com um produto que possa ser encontrado nos supermercados de forma reciclada. A rápida depreciação ambiental do planeta, com impactos irreversíveis em nosso estilo de vida, acelerou os consensos sobre três amplos e distintos princípios estruturantes do ordenamento jurídico e econômico dos modelos de desenvolvimento sustentável (LIPIETZ, 1997, p. 149-152):

• O Princípio de Capital de Risco que se fundamenta na premissa de que as inércias temporais e espaciais das questões ecológicas de alcance planetário, e as incertezas próprias dos atuais modelos científicos são grandes, em especial aquelas relacionadas com os mecanismos que compõem a dinâmica dos processos atmosféricos – tais como as dos ciclos biogeoquímicos, cobertura vegetal, ciclo do calor, ciclo hidrológico, fontes e sorvedouros de gases de efeito estufa, graus de relevância dos campos de nuvens na estabilização climática e os de participação dos oceanos e calotas polares nos processos atmosféricos, na química e na física da atmosfera. A prevalência de grandes graus de incertezas nas extensões de danos ecológicos futuros corrobora para intensificar ações governamentais e não governamentais, conforme o grau de mobilização e pressão de setores esclarecidos da sociedade civil, dirigidas à eliminação da fonte ou à desativação das causas do problema potencial. Essa ação é conhecida na literatura especializada como Princípio de Precaução. A resistência às mudanças estruturais na concepção civilizatória ocidental prevalecente e nas matrizes tecnológicas e industriais põe dificuldades à construção de uma concepção política compromissada com os futuros do planeta e da humanidade.

• O Princípio de Vitimização e Culpabilidade que se fundamenta no pressuposto de que os processos responsáveis pela desestabilidade ecológica do planeta são estimulados ou têm origem antropogênica e, portanto, são históricos. Considera também que os agentes financeiros, conglomerados transnacionais, governos e sociedades civis dos sete países ocidentais desenvolvidos têm pleno conhecimento de suas responsabilidades acerca dos principais mecanismos responsáveis pela depreciação ambiental e social do planeta. A possibilidade de extermínio da espécie humana, ainda que remota, não tem sido suficiente para desencadear e instaurar um processo de diálogo isento de preconceitos e discriminações, fortalecendo a tolerância e diminuindo as distâncias e disparidades entre civilizações, raças, povos, governos, comunidades, minorias e indivíduos. A pressão pelo controle da ocidentalização planetária, comandada pelos processos e estruturas, em rede, da economia mundial e pelos governos centrais, tem sido fator impeditivo para os países subdesenvolvidos participarem desse diálogo num mesmo patamar de equidade. Esse contexto contribui para que a dimensão econômica dos problemas subsuma os encaminhamentos políticos e científicos.

• O Princípio de Soberania Nacional que fortalece e aumenta o poder político dos países em desenvolvimento, em especial os situados na África Central, Sudeste Asiático e na Amazônia Pan-americana; regiões que desempenham papéis singulares nas questões ecológicas, em âmbito mundial. A composição destes três princípios, mesclada com novos arranjos políticos, internos e externos aos países pobres e ricos, contribuirá para a emergência de novos cenários jurídicos e econômicos voltados à sustentabilidade socioambiental planetária. A pressão da opinião mundial constitui importante instrumento político no aceleramento de medidas preventivas e de preservação ambiental.

A reestruturação dos modelos econômicos e suas regulamentações técnicas e jurídicas em direção à sustentabilidade constituem um marco importante na história universal; cria novas perspectivas e utopias civilizatórias.

5.2 Desenvolvimento sustentável e utopias no século XXI: formulações e práxis

O século passado foi estigmatizado como marco do fim das utopias. Especialistas predizem que as configurações éticas, econômicas e políticas que ainda emergirão no século XXI, serão reverberações e superposições de princípios filosóficos e quadros socioeconômicos do século passado, que congelaram os povos e civilizações num determinismo histórico, em que sempre prevaleceram os mesmos atores hegemônicos.

Entretanto, outro grupo de especialistas (FREITAS et al., 2013a) prevê que durante este século serão consolidadas estratégias e políticas para melhor convivência entre os povos, e maior respeito aos direitos universais do homem.

As prospecções teóricas esboçadas para a construção dos alicerces deste século assentam-se, de forma esquemática e entrelaçada, no desenvolvimento do contrato político mundial, centrado na desconstrução do confronto Ocidente-Oriente e na eliminação das questões raciais; na cristalização da democracia participativa enquanto sistema político universal; na implantação do contrato natural, referenciado na possibilidade de extinção do planeta e da espécie humana; na consolidação do contrato social, reafirmando os direitos universais do homem; e na afirmação do contrato ético entre os diversos povos, permeando os dilemas e impasses postos pelos pressupostos acima expostos e agravados com os processos de globalização em curso (FREITAS & FREITAS, 2013).

Consolidar o contrato político mundial, cristalizar a democracia participativa enquanto sistema político universal, implantar o contrato natural, organizar o contrato social, e reafirmar o contrato ético entre os diversos povos, constituem referências paradigmáticas para o século XXI. Referências que se desdobram na construção de um consenso ecumênico que solde nos corações e nas mentes das pessoas, nas agendas institucionais, nos projetos nacionais, nos fóruns internacionais, nas instituições multilaterais, nos acordos transnacionais, e nas seitas e religiões, a necessidade de se instituir uma concepção filosófica e social que oriente a coexistência multicultural e solidária entre os povos.

Concepção que convirja para a invenção de um princípio ordenador centrado na "complementaridade", que inclua todas as exclusões e que redimensione os processos disjuntivos e reducionistas, tendo como referência a dimensão dialética da natureza humana e a complexidade dos processos sociais.

A partir desse marco, a sustentabilidade das pessoas, em nível físico, psíquico e espiritual, assim como a sustentabilidade dos locais, cidades, regiões, nações, continentes, planeta e cosmos, e também das utopias, certamente, deixariam de ser uma utopia; e, por que não afirmar, deixariam de ser uma ilusão (FREITAS et al., 2013).

Institucionalizar a noção de sustentabilidade numa perspectiva pública exige ressignificar os conceitos de cidadania e de desenvolvimento econômico, criando nova centralidade política, com formas de abordagens metodológicas inovadoras e integradoras que resolvam problemas complexos, desvendando, estruturando, projetando e contextualizando os sistemas técnicos às culturas e às vocações municipais e regionais, em estruturas universais e globalizadas. Nesse processo, emerge a sustentabilidade situada e localizada – termo apresentado em abril de 2009, pelo Prof. Roberto Bártholo, durante palestra de abertura do Programa de Pós-graduação em Engenharia de

Produção da Universidade Federal do Rio de Janeiro em desenvolvimento na Universidade do Estado do Amazonas.

Empreendimento que compreende o "lugar" do desenvolvimento sustentável no quadro da mundialização e as estratégias de como apreendê-lo plenamente, por meio do conceito de territorialidade. Isso exige incorporar bases conceituais nesse tipo de desenvolvimento, apresentando-o como a vontade universal de reconciliar o local e o planeta, a natureza como representação material e simbólica e como sistema, e o tempo breve das necessidades humanas imediatas e o tempo longo das gerações.

Essa perspectiva orienta-se para o compromisso institucional de incrustar interculturalidade ao desenvolvimento sustentável. O respeito ao outro, à diferença e à diversidade cultural, e a não priorização ao todo tecnológico e ao capitalismo predatório não devem ser dissociadas da proteção ao ambiente. Trata-se, sobretudo de um sistema de inovações e práxis política sobre novas tecnologias educacionais no sentido antropológico (MEUNIER & FREITAS, 2005).

Propõe-se que a educação, em particular a escola – representando o "lugar" privilegiado das aprendizagens coletivas –, tenha um papel primordial na prevenção, formação e na sensibilização das jovens gerações para um desenvolvimento sustentável também movimentado pela interculturalidade. Mas, como transmitir esses conhecimentos transversais aos alunos, possibilitando suas assimilações em práticas cidadãs feitas de *know-how*, saber-ser e saber-participar, no contexto da sustentabilidade? Quais abordagens didáticas da educação intercultural e do desenvolvimento sustentável devem ser propostas no ensino escolar como instrumento transdisciplinar e praxiológico?

Nessa conjuntura a sustentabilidade, enquanto processo de reafirmação da condição humana, pressupõe atributos processuais edificantes da Pós-modernidade, tais como a indissociabilidade da cultura com a natureza; o controle social sobre os processos vitais de uso, produção e reprodução da vida; a educação, ciência, tecnologia e inovação como eixos motores dos modelos de desenvolvimento social e econômico, e as políticas públicas acessíveis a todos. Perspectiva política que estabelece novas relações entre as pessoas, das sociedades com o Estado nacional, entre os estados nacionais com o mercado, do homem com a natureza, da circulação e dos espaços e aparelhos de atendimentos coletivos nas cidades, novas políticas públicas de proteção e construção da cidadania, e plataformas de inclusão social e geração de emprego acessíveis a todos. Em especial, propõe melhorar a relação do homem consigo mesmo, imprimindo estética e identidade cultural ao desenvolvimento sustentável.

No plano operacional, serão potencializadas novas dimensões sustentáveis, tais como: sustentabilidade x natureza x cultura, sustentabilidade x inovações tecnológicas x processos produtivos, sustentabilidade x territórios x povos, sustentabilidade x economias x serviços ambientais, sustentabilidade x conservação x educação ambiental, sustentabilidade x doutrinas jurídicas x relações internacionais, e sustentabilidade x região x nação x mundo.

Nessa conjuntura emergirão as novas concepções e modelos socioeconômicos; os fundamentos e processos organizativos das matrizes educacionais temáticas; as espacialidades e os conflitos territoriais regionais permeados pela construção de nosso futuro comum; redes, cadeias e plataformas tecnológicas acessíveis a todos; formas de uso e ocupação dos ambientes com inovações de gestão, processos e produtos, em especial da biotecnologia, robótica, cibernética, nanotecnologia, química e mecânica finas, hipercomputação, linguística, arqueologia e artes, dentre outras, gestando os fundamentos e os padrões de um futuro sustentável para a juventude e a humanidade.

Construir um mundo movido por energia renovável e limpa, com preservações de sua biodiversidade e seu patrimônio natural e cultural, constitui um desafio posto à humanidade, preocupada em combater as mudanças climáticas.

A conferência sobre mudanças climáticas realizada em Copenhague, em 2009, foi marco importante para a Política Pública Mundial de Mudanças Climáticas (ONU, 2009). As participações dos países desenvolvidos nessa conferência geraram muitas controvérsias; repetiu-se a tendência niilista de omissão política na qual estes países não apresentaram propostas com metas definitivas. Postergou-se ao futuro o estabelecimento de diretrizes gerais, os compromissos específicos de mitigação de gases de efeito estufa e o financiamento de políticas públicas e de práticas sustentáveis de proteção ambiental do planeta e de interesse da humanidade. Desenhou-se um cenário dirigido à construção de um instrumento legal vinculante por blocos de países com interesses imediatos comuns, isso numa perspectiva bastante otimista. Mais uma vez projetaram-se para o futuro as decisões políticas com impacto ao combate às causas das mudanças climáticas.

As metas estabelecidas e apresentadas pelo governo brasileiro nessa conferência têm fundamento geopolítico mais amplo e estratégico. O compromisso brasileiro de reduções das emissões de CO_2 de 36,1 a 38,9% até 2020, de 80% até 2050, e do desmatamento da Amazônia, no limite de 80% até 2020, constitui uma nova dimensão política posta ao projeto nacional brasileiro. O baixo crescimento econômico anual brasileiro numa taxa de 2% a 3% pressiona pela integração socioeconômica e cultural desta região ao projeto nacional de forma empreendedora e soberana.

Ao consenso difuso do Protocolo de Quioto, 1997, que determina a redução de emissões de gases de efeito estufa em 5,2% até 2012, tendo como base as emissões mundiais de 1990, seguiu-se a desilusão com a Conferência de Copenhague que não conseguiu construir uma base física e jurídica para o estabelecimento de diretrizes, metas e compromissos governamentais com a política mundial de redução de emissão desses gases.

Faz-se necessário construir mecanismos operacionais com os contornos e as delimitações de deveres e compromissos com a preservação do planeta. Torna-se premente criar auditorias globais específicas sobre o capital financeiro que movimenta o mercado mundial; em especial o estabelecimento de impostos e taxas específicas que possibilitem um fluxo contínuo de investimentos em projetos aplicados em regiões com indicadores sociais e ambientais precários. A sofisticação dos atuais métodos contábeis possibilita implantar esses "impostos globais", integrados às redes mundiais em tempo real. O desinteresse dos países ricos em criar as condições políticas necessárias à operacionalização dessa proposta deslocou-a do centro do debate sobre a crescente desigualdade social mundial e depreciação ecológica exacerbada do planeta.

O compartilhamento e a solução integrada dos problemas ecossociais e econômicos dos nove países que compõem a Amazônia Pan-americana potencializam a redefinição do papel da diplomacia brasileira. Até mesmo porque as políticas de desenvolvimento sustentável também envolvem os processos de uso e ocupação dos ambientes; os conhecimentos tradicionais dos 250 povos indígenas e suas relações com os ambientes pan-amazônicos; as culturas, as antropologias e as arqueologias mediadas pelos processos produtivos, pelos arranjos produtivos locais, pelas tecnologias apropriadas, redes e plataformas tecnológicas regionalizadas e internacionalizadas, assim como a institucionalização dos serviços ambientais como política pública. Envolvem também histórias e compromissos dos indivíduos, comunidades, sociedades, povos, instituições e do Estado nacional com o futuro da região e com o dever cívico de mantê-la como parte indissociável do tecido social e cultural do Brasil.

A história registrará o alcance desse novo processo civilizatório que reafirmará a importância do Brasil e da Amazônia na geopolítica mundial. A educação e o grau de formação técnica e científica dos jovens brasileiros constituem elemento-chave nesse processo em direção à sustentabilidade local e planetária.

6

Educação científica e processos da natureza: disjunções e ressonâncias institucionais

Questões relevantes da Modernidade

As ressignificações dos conceitos de cidadania e desenvolvimento econômico encontram-se em curso, no contexto complexo da legitimação geo-histórica da sustentabilidade. Educação, ciência e tecnologia movimentam essa conjuntura compromissada com o combate das desigualdades sociais e, simultaneamente, com o futuro da humanidade. Contínuas crises da economia mundial, reorganização do mercado, das matrizes industriais e ocupacionais, criação de novas pautas de pesquisa de CTI e o incrustamento da questão ambiental ao processo civilizatório põem problemas novos às instituições e às políticas públicas, em todas as escalas. Esse ensaio analisa os nexos da educação científica com esse quadro histórico.

6.1 Reflexões e reverberações científicas: fragmentos de complexidade

A fusão plena das questões políticas, econômicas e científicas, acelerou a emergência de processos, impactando todos os setores, todos os aspectos, a "essência" da vida contemporânea. Também moldou novas estruturas, concepções e sistemas de pensamento a partir do século XX. A emergência dessa nova ordem mundial fundamenta-se em eixos científicos, tecnológicos e mercadológicos que constituem a principal sustentação dos processos de globalização econômica.

Freitas (2002, p. 85-93) afirma que: [...] A identificação de elementos teóricos e empíricos próprios das ciências da natureza, em particular da física, da química, e também da matemática, que contribuíram para esse novo ciclo, pode ser resumida em quatro eixos":

1) Os desdobramentos da Teoria Físico-matemática construída por Planck para desvendar os processos relacionados com os fenômenos de transporte da radiação luminosa que, ao contrário das teorias existentes até a segunda metade do século XIX, contém estrutura matemática, denominada "Constante de Planck", que não representa uma propriedade do objeto e sim da natureza.

Essa concepção colaborou para que, posteriormente, Einstein postulasse que a radiação eletromagnética é formada por partículas sem massa e sem carga elétrica, chamadas de fótons. Ao contrário dos fundamentos da Teoria Mecanicista, referência à época, Planck estabeleceu ainda que a correta leitura dos fenômenos da natureza tem de ser feita por escalas, isto é: o fenômeno pode se manifestar de formas diferentes, conforme os cenários e as intensidades dos elementos constituintes do fenômeno físico em análise. Em seus estudos sobre radiação, Planck reintroduz, de forma criativa e contundente, a categoria "descontinuidade da matéria" enquanto desdobramento de estruturas matemáticas designadas "simetrias", resgatando a visão platônica em bases teóricas sólidas e consistentes.

O sofisticado modelo atômico proposto por Rutherford e a superposição de parte dos resultados previstos pela Teoria Planckiana, com a posterior teoria construída por Bohr, que enfatiza o caráter discreto das órbitas eletrônicas e de outras entidades físicas fundamentais à descrição das propriedades microscópicas da matéria, potencializaram, à época, planos de estudos teóricos e empíricos mais avançados e sofisticados em escala atômica, com amplas e diversificadas aplicações tecnológicas.

2) Os degraus seguintes, não necessariamente nesta ordem, foram construídos por Heisenberg, Schrödinger, De Broglie, Compton, Born, Gibbs, Dirac, Pauli, Landau, Fermi e outros[1]. O primeiro, dentre várias contribuições,

---

1. Werner Karl Heisenberg (1901-1976), físico alemão, e Erwin Schrödinger (1887-1961), físico austríaco, tiveram papéis relevantes na estruturação e consolidação teórica da mecânica quântica, campo de conhecimento que estuda os fenômenos físicos em nível atômico. Louis De Broglie (1892-1987), físico francês, e Arthur Holly Compton (1892-1962), físico americano, deram contribuições decisivas para a consolidação da tese que comprova a natureza dual, ondulatória e corpuscular, da radiação eletromagnética, com impactos em vários campos tecnológicos. Max Born (1882-1970), físico alemão, teve papel central na construção da linguagem físico-matemática que estruturou e moldou o desenvolvimento da mecânica quântica. Josiah Willard Gibbs (1839-1903), físico americano, criou importantes conexões analíticas entre a termodinâmica clássica e a mecânica estatística, contribuindo para a consolidação dessa área científica. Paul Adrien Maurice Dirac (1902-1984), físico inglês, publicou importantes trabalhos científicos sobre os fundamentos da mecânica quântica, contribuindo para sua consolidação e generalização. Wolfang Pauli (1900-1958), físico austríaco, construiu trabalhos científicos relevantes sobre os fundamentos da mecânica quântica e da Teoria da Relatividade com inúmeras aplicações na dinâmica atômica dos elementos químicos que compõem a tabela periódica. Lev Davidovic Landau (1908-1968), eminente físico russo, construiu trabalhos de grande alcance

estabeleceu os limites físico-matemáticos das teorias clássicas em física e química, vigentes à época. As estruturas matemáticas denominadas "relações de incertezas", propostas por ele, possibilitam projetar cenários, reais e virtuais, a partir de conceitos clássicos, estabelecendo quando as teorias físicas são aplicadas aos processos em dimensão atômica ou aos fenômenos físicos próprios ao mundo acessível aos nossos sentidos. Utilizando os fundamentos de álgebra não comutativa e representando as entidades físicas por estruturas matriciais, Heisenberg substituiu o clássico conceito de órbita pelo de "estado quântico", associando-o com os resultados experimentais, objeto de medidas.

Numa vertente diferente de Heisenberg, Schrödinger desenvolveu a Teoria Físico-matemática para estudar as denominadas "ondas eletrônicas", utilizando as representações de autofunção e de autovalor concebidas pelos matemáticos e físicos durante os séculos XVIII e XIX. Especial interesse deve ser atribuído à contribuição de De Broglie, segundo a qual: "Da mesma forma que à existência de qualquer partícula está associada uma onda, a toda onda está associada a existência de uma partícula".

Os demais pesquisadores assumiram a difícil tarefa de construir as bases sólidas do campo de conhecimento que posteriormente passaria a ser conhecido como mecânica quântica, com aplicação em problemas válidos em escala atômica. A introdução do conceito de densidade de "probabilidade" na linguagem descritiva da mecânica quântica sofisticou a leitura dos efeitos decorrentes dos fenômenos da natureza à medida que estes passam a ter probabilidades de ocorrência, e, portanto, de verificação experimental, eliminando definitivamente o caráter causal, determinista da natureza, pelo menos na linguagem descritiva dos processos atômicos (HEISENBERG, 2000, 1990; SCHRÖDINGER, 1990).

Também são intrigantes os resultados das pesquisas realizadas por Compton, que confirmaram o comportamento dual da matéria, o qual estabelece que a matéria, em condições apropriadas, pode se manifestar de forma ondulatória ou corpuscular, dependendo das escalas próprias da dinâmica do fenômeno físico em questão.

A aplicação da mecânica quântica possibilitou o desvendamento de diversas propriedades físicas dos materiais. Os fundamentos explicativos da interação da luz, radiação eletromagnética, com a matéria; a condução de eletricidade e de calor; a elasticidade; o magnetismo e outros aspectos pró-

---

científico sobre a matéria condensada, com muitas aplicações nas teorias físicas de sólidos e de fluidos. Enrico Fermi (1901-1954), destacado físico italiano, teve participação decisiva no desenvolvimento da física nuclear e nos fundamentos da mecânica estatística. Esses cientistas tiveram papéis relevantes, na construção de linguagens científicas que representam a organização e os estados da matéria de forma holística e integrada.

prios da estrutura atômica/molecular da matéria foram explicados, criando possibilidades para a inovação tecnológica, em particular, na indústria elétrico-eletrônica que constitui importante matriz do processo de globalização em curso. A indústria de semicondutores consolidou-se e expandiu-se de forma exponencial, e os avanços da litografia óptica possibilitaram a fabricação de circuitos transistorizados com maiores *performances*, e a miniaturização dos dispositivos eletrônicos. As amplificações das potências dos microprocessadores impactaram várias tecnologias de ponta relacionadas à aquisição, armazenamento, processamento e transmissão de informações. A projeção de futuro promissor para a microeletrônica continua tendo grande impacto na macroeconomia mundial.

3) Outra contribuição científica fundamental deve-se à teoria construída por Einstein, na qual a velocidade da luz também representa uma propriedade da natureza. O aparente desacoplamento dos conceitos de espaço e tempo admitido *a priori*, por todos nós, é decorrente de condições específicas e próprias das escalas espaciais e temporais que estamos submetidos em nosso cotidiano. Em condições atômicas e/ou cosmológicas pode-se aferir o grau de acoplamento desses dois conceitos que estão articulados entre si por meio da velocidade da luz.

Os estudos de Einstein mostram que essa entidade física [velocidade da luz] constitui uma estrutura espaçotemporal, que na presença de matéria provoca a curvatura do espaço, exigindo a utilização e a incorporação de nova linguagem geométrica, uma métrica diferente da euclidiana, na leitura física das leis fundamentais da natureza. Métrica característica dos hiperespaços preconizados por Riemann, estruturas dinâmicas e multidimensionais, caracterizadas por normas e curvaturas espaçotemporais. Por meio da Teoria da Relatividade, Einstein também mostrou que a energia pode ser convertida em matéria e vice-versa, indicando que a mesma é o "tijolo fundamental do universo" (BORN, 1990; AUGER, 1990).

4) Por último, destaca-se o conjunto de contribuições, sumarizado como a maior conquista da cosmologia: a Teoria do *"Big-Bang"* ou "Grande Explosão", proposta por Alexander Alexandrovich Friedmann e Georges Edouard Lemaître, na década de 1920. Ela foi construída e, posteriormente, confrontada com as observações do astrônomo Edwin Hubble, também nessa década, confirmando que a luz emitida pelas galáxias desvia-se em direção ao valor da frequência da luz vermelha.

Esse fenômeno, denominado "Efeito Doppler", que já era conhecido pelos físicos à época, refere-se à mudança da frequência da onda emitida por uma fonte em movimento. Da mesma forma, como o som da buzina do carro se torna cada vez mais grave à medida que o mesmo se afasta do observador, a luz fica cada vez mais vermelha quando a sua fonte emissora se afasta da pessoa que a observa (HURWIC, 1990). Essa teoria prevê que a origem, o princípio do universo, foi por intermédio de grande explosão ocorrida há cerca de 15 bilhões de anos. E desde então esse universo encontra-se em contínuo processo de expansão, em todas as direções, com a sua temperatura média decrescendo continuamente. Apesar das polêmicas suscitadas por essa teoria, ela tem se fortalecido pelas inúmeras descobertas e observações astronômicas. A possibilidade de o "todo" emergir do "nada", do desvendamento da dinâmica da criação do universo próxima à singularidade, e da projeção de cenários reais e virtuais de todo o sistema a partir de parte do mesmo são problemas emergentes e de grande significação nos atuais estudos em cosmologia (SILK, 1988).

O conhecimento acumulado sobre os processos da natureza possibilita afirmar que as principais teorias das ciências físicas no século XX: a mecânica quântica, a teoria de campo quântica e a relatividade geral não são independentes entre si. Apesar de as estruturas reducionistas dessas teorias, a grande acurácia e capacidade de predição das mesmas projetam um futuro promissor para a física[2]. Inventadas a pouco mais de cento e vinte anos, elas se impõem como presença obrigatória em todos os esquemas de representações científicas e filosóficas contemporâneas.

Destaque aos filósofos Gaston Bachelard (1884-1962), Karl Popper (1902-1994) e Thomas Kuhn[3] (1922-1996) que questionaram as estruturas do conhecimento científico, problematizando, configurando, reconfigurando e delimitando as metodologias científicas prevalecentes até a década de 1960.

Bachelard é autor de vasta e sofisticada obra filosófica. Entre seus trabalhos, destacam-se: *O novo espírito científico* e *A formação do espírito científico*, publicadas em 1934 e 1938, respectivamente. Nessas obras ele analisa, criticamente, os dogmas científicos existentes à época. Combate o empirismo, o

---

2. Atualmente, intensifica-se o desenvolvimento de técnicas destinadas às pesquisas sobre fenômenos físicos de curta duração, com impactos na química, na biofísica, no eletromagnetismo quântico, nos estudos da estrutura da matéria, na física de partículas e em outros campos de conhecimento científico e tecnológico. Em geral, nos estudos desses fenômenos que ocorrem em intervalos de tempos compreendidos entre a bilionésima (10^{-9}s: 1 picossegundo) e a trilhonésima parte de um segundo (10^{-12}s: 1 fentassegundo), são utilizados pulsos de luz laser, que possibilitam obter informações importantes sobre as ligações químicas moleculares, os movimentos dos elétrons em microcircuitos, a transmissão de pulsos óticos em fibras de telecomunicações e o transporte de impulsos elétricos no sistema nervoso.

3. Epistemólogos que constituem referências importantes na história da filosofia das ciências.

idealismo e o positivismo, recusando o dogma clássico do progresso contínuo da ciência e reafirmando a existência de rupturas epistemológicas que se traduzem pelas mudanças de métodos e conceitos. Dentre inúmeras contribuições, ele colaborou para a transformação do pensamento científico em realidade social, e pode ser considerado como precursor da epistemologia contemporânea.

A lógica da descoberta científica, principal obra de Popper, foi publicada em 1934. Nesse livro ele põe duas questões básicas: Qual é o método das ciências empíricas?, e Como distinguir o que é científico do que é não científico? A partir destas premissas, Popper propõe nova forma de raciocinar cientificamente, construindo critérios de cientificidade para determinada teoria.

Kuhn publicou sua principal obra, *A estrutura das revoluções científicas*, em 1962. Nesse livro ele enfoca a característica individual das descobertas científicas e o progresso científico por meio de acumulação de conhecimentos, enfatizando as descontinuidades, as rupturas e as crises epistemológicas das ciências. Essa obra teve grande impacto em todos os campos de conhecimento organizados, em especial nas ciências da natureza, nas ciências humanas e nas ciências econômicas.

As metamorfoses das noções de transformação, evolução, desenvolvimento e de variação contínua dos seres (organismos vivos, sociedades, culturas) constituem marco na história das ciências. Essas noções foram alvo de intensos debates na Europa durante o século XIX. Augusto Comte e Friedrich Hegel também estudaram a história da sociedade e do espírito humano como marcha passando por estados de forma progressiva, enquanto a linguística mostrou, à época, que as línguas indoeuropeias se diversificaram a partir da mesma matriz. A ideia de evolução dos povos também esteve presente na história, nas pesquisas da antropologia sobre a humanidade e na concepção de alguns sistemas filosóficos, em particular nos trabalhos do inglês Herbert Spencer (1820-1903) (DORTIER, 2001, p. 24).

A concepção de que as sociedades deveriam evoluir das raças "inferiores" às "superiores", ou dos povos "primitivos" às sociedades "civilizadas" segundo marcha contínua e irrevogável, foi submetida a intensas críticas e compreendida como concepção colonialista e imperialista dos povos centrais (p. 29).

A partir da década de 1980, Ilya Prigogine tem proposto tese científica com impactos nos estudos dos processos físico-químico-biológicos. Baseado na definição que associa à evolução, o crescimento macroscópico na informação contida num sistema autorreprodutor sem intervenção inteligente, Prigogine construiu uma teoria que responde às questões até então indecifráveis nas ciências da natureza, tais como: Qual é a relação entre entropia e evolução? Como as leis da termodinâmica podem ser aplicadas à vida? Como explicar a emergência da ordem e da complexidade a partir da natureza?

As preocupações intelectivas de Prigogine encaixam-se numa especulação mais fecunda que pode ser traduzida da seguinte forma: O que é vida? François Jacob (2002, p. 9-16), fisiologista francês de grande reputação científica, revela que a vida é processo, estágio de organização da matéria, e que ela não existe numa certa quantidade independente que se possa caracterizar.

François também afirma que a biologia tem longa tradição em estudos dessa natureza, dentre os quais ele destaca as seguintes teorias:

> A Teoria dos Germes, desenvolvida por Pasteur no final do século XVII, graças à invenção do microscópio, demonstrou a importância destes micro-organismos na transmissão das doenças dos homens e dos animais, assim como em diversos processos industriais, como aqueles utilizados na fabricação do vinho e da cerveja. Pasteur mostrou que os micróbios nascem de micróbios e que a geração espontânea não existe [...]. A Teoria Celular, de Scheiden com os vegetais e Schwann com os animais, segundo a qual todos os organismos são feitos de células. A célula é a unidade do ser vivo. É o menor elemento que teria todas as propriedades do ser vivo. A reprodução se faz pela fecundação, isto é, a fusão de duas células sexuais: espermatozoide e óvulo. O desenvolvimento do embrião se faz a partir do ovo, desde o momento em que ele é formado, pela multiplicação das células e sua diferenciação em células especializadas [...]. A Teoria da Evolução, de Darwin, a qual estabelece que o mundo dos seres vivos, tal como ele se apresenta para todos, compreende nós mesmos os humanos e o resultado da história da Terra. Espécies derivam umas das outras por mecanismo que Darwin chamou de seleção natural, e, segundo ele, os seres vivos descendem de um, ou de um número muito pequeno de organismos. O que repõe a questão de origem dos seres vivos [...]. Na metade do século XX [...] o nascimento da biologia molecular resultou numa nova forma de considerar os seres vivos: a ideia é que as propriedades dos seres vivos devem, necessariamente, explicar-se pelas estruturas e as interações das moléculas que os compõem [...]. Com esse pressuposto mudou a maneira de se considerar o estudo do ser vivo, seu funcionamento e de sua evolução. A exigência de explicação molecular ganhou os diversos ramos da biologia, a biologia celular, a virologia, a imunologia, a fisiologia, a neurologia, a endocrinologia etc.

resultando em impactos em todos os setores das ciências modernas e em amplo segmento tecnológico.

Esses pressupostos, em conjunto com o deciframento do código genético, após o trabalho pioneiro de descoberta do DNA, por Watson e Crick, em 1953, constituem problemas fundamentais da física, da química e da biologia modernas.

A descoberta do DNA viabilizou o desenvolvimento teórico e empírico de inumeráveis novos arranjos e padrões de organizações da "vida biológica", com o desvendamento da hereditariedade e a emergência da transgenia. Introduziu, também, novas relações e sentidos históricos entre política, ciência, economia e religião.

Apesar de a biologia ser campo de conhecimento-chave no desvendamento das questões que articulam a natureza e o espírito, Bitsaks (2001, p. 353-355) enfatiza que:

> [...] O pensamento reducionista apresenta e interpreta o homem como máquina química e biológica. O behaviorismo constitui reducionismo ingênuo, incapaz de compreender a verdadeira natureza do ser humano. O conhecimento do genoma, por outro lado, provocou nova onda de reducionismo, segundo o qual são os genes que determinam diretamente a natureza humana. Dessa forma, os sentimentos e as ideias políticas ou morais são determinadas por nosso genoma. Em consequência, a história, a barbárie, as guerras etc., são resultados diretos das propriedades inscritas dentro de nosso cérebro. O que se desdobra numa concepção ingênua que justifica o racismo, o nazismo, as guerras, as desigualdades sociais, em detrimento das determinações sociais desses fenômenos [...]. Para explicar as ideias dos homens, faz-se necessário pesquisar suas origens dentro da sociedade, não dentro da biologia. E a marcha da história é determinada pelas forças sociais, pelas ideias de origem social. Evidentemente, o livre-arbítrio e a liberdade não estão inscritos dentro do genoma, o mesmo vale para a fatalidade histórica.

A psicanálise também colocou elementos novos nessa questão. Freud mostrou que a "personalidade" não é somente a combinação de informações genéticas e socioculturais. Ao contrário, a conjunção de temas conflituosos, uns resultantes de informações genéticas (hereditariedade) e outros de informações sociológicas (cultura), é por ela mesma potencialmente geradora de conflitos, os quais constituem acontecimentos internos invisíveis. Dessa forma, o desenvolvimento é uma cadeia cujos elos estão associados por dialéticas entre acontecimentos internos (resultado de conflitos interiores) e acontecimentos externos. É nessa dinâmica interativa que vão aparecer os traumatismos fixadores que desempenham papel fundamental na formação da personalidade.

Personalidade que se forma e se modifica em função de três fatores: a hereditariedade genética, a herança cultural e os eventos e os riscos. É instigante examinar como a associação antagônica ou heterogênea da hereditariedade genética e a herança cultural, fonte permanente de acontecimentos internos, permite ao acontecimento-risco ter papel singular dentro da formação do sistema biocultural que constitui o indivíduo humano (MORIN, 1990, p. 232-233).

A transgenia também revitalizou o principal fundamento da biologia evolucionista[4], o qual estabelece que todas as propriedades do ser vivo não podem ser explicadas somente por suas estruturas moleculares, o que impede a redução da biologia às leis da física e da química. Holisticamente, é como se o "todo" fosse superior à soma de suas partes (LARRÈRE & LARRÈRE, 1997, p. 120-127).

Desde então, irreversivelmente, estes três campos de conhecimento – física, química e biologia – foram cindidos entre o velho e o novo, o passado e o futuro. As consolidações da bioquímica, da álgebra, da geometria diferencial e da topologia na matemática também foram fundamentais para a emergência desse novo cenário científico mundial.

6.2 As ciências da educação e os contornos dos processos da natureza

Educação, ciência e tecnologia constituem agentes-motores desta era da globalização, em que mudaram os atores, cenários, regras, estruturas, sentidos, interpretações e significados, concepções e os sistemas de pensamento. Ampliaram-se os alcances dos projetos científicos e tecnológicos: do espaço plano e da era dos lampiões à tecnologia laser e à cibernética.

Inaugurou-se nova era para a(s): ciências da educação, agricultura extensiva, física e química de novos materiais, microeletrônica, ciências biológicas, saúde, agronomia, tecnologias, em particular para as engenharias molecular, civil, aeronáutica, naval, meteorologia.

Novas demandas foram impostas, são criadas e/ou revitalizadas as ciências da computação, as engenharias de alimento, genética e florestal, os cursos sobre ecologia e meio ambiente, e muitas outras profissões relacionadas com usos do solo, da água e do ar. Complexas redes de comunicação foram forjadas, com a codificação e a gravação digital da informação, impactando as indústrias culturais e engendrando novas concepções virtuais. Os processos econômicos multiplicaram suas escalas de produção e atuação, fragmentaram-se para se expandir, compondo novas parcerias e atingindo mais consumidores (FREITAS et al., 2003).

---

4. A biologia, em geral, estuda o comportamento dos organismos, as relações entre eles e com os ambientes.

As inovações tecnológicas decorrentes da compreensão dos princípios básicos da atomização dos fenômenos da natureza, articuladas aos processos sociais, integraram-se e aceleraram a produção e a expansão dos processos econômicos em âmbito global. Em desdobramento, o controle do desenvolvimento e aplicação das tecnologias de novos materiais, redes de informação e do deslindamento do código genético pelos grupos transnacionais contribuíram para reordenar a economia mundial numa perspectiva pragmática e liberal.

Nesse contexto determinista e mecanicista, a simplificação, a intolerância e a vulgarização das questões culturais universais amplas, tacitamente, contribuíram para o mercado e o *marketing* incrustarem a noção de ecologia nas ciências aplicadas como estratégia de reforço do processo de acumulação financeira, intensificando as desigualdades sociais.

O que reafirma a premência em incorporar-se aos fundamentos do conceito de natureza elementos que relevem a imprescindibilidade das diferenças e diversidades socionaturais próprias das diferentes culturas.

Os contornos dos processos da natureza são históricos. Os especialistas insistem em atribuir à educação um papel relevante na construção de uma mentalidade política mais agregadora e sistêmica, incorporando uma concepção crítica radicalmente comprometida com os desafios postos à humanidade no século XXI.

Edgar Morin (2000) idealizou um conjunto de referências ontológicas e metodológicas para o aperfeiçoamento da humanidade que, segundo ele, precisa ser incorporado às concepções educacionais, dentre as quais destacam-se: o privilegiamento da cultura, em sentido amplo; a introdução de concepção sistêmica que priorize o todo e suas articulações, sempre valorizando a condição humana em sua complexidade física, espiritual, psicossocial e histórica, mostrando a indissociabilidade entre unidade e diversidade, própria da dimensão humana; a historicização crítica dos processos educacionais, desde o singular ao universal, reafirmando a comunhão de destino da humanidade; a problematização dos processos educacionais, ressaltando suas conquistas e fragilidades e incertezas históricas; a criação de mecanismos que possibilitem incrustar a capacidade ilimitada de compreensão nas mentes e nos espíritos humanos, fazendo dessa compreensão mútua entre os humanos a base da solidariedade e da paz; e, finalmente, estabelecer a importância da ética no aperfeiçoamento da democracia e na mundialização da cidadania fraterna e solidária.

Interesses compartimentados dos governos centrais, ausência de democracia plena na maioria dos países e a crise do Estado moderno conspiram contra essa fecunda proposta de Morin em se construir projeto humano de inserção cósmica, assentado nas crenças, ciências, políticas e também nas limitações humanas. O que na opinião de Maurice Langon (2001, p. 289), no contexto deste mundo permeado pela pobreza, exige redescobrir e reconstruir a unidade pela solidariedade humana que requer a mudança do "sistema não humano".

Morin (1990, p. 26-27) também enfatiza que

> [...] É necessário que a ciência se interrogue sobre suas estruturas ideológicas e seu enraizamento sociocultural. Aqui nos damos conta de que falta a ciência capital, a ciência das coisas do espírito ou noologia, apta a conceber como e em que condições culturais as ideias se juntam, se encadeiam, se combinam entre si, constituindo os sistemas que se autorregulam, se autodefendem, se automultiplicam, se autopropagam [...]. A simplificação se aplica sobre os fenômenos por redução e por disjunção. A disjunção isola o objeto não somente um dos outros, mas também de seu ambiente e de seu observador. Da mesma forma o pensamento disjuntivo isola as disciplinas entre si e isola a ciência na sociedade. A redução unifica o que é diverso ou múltiplo, seja de forma elementar ou de forma quantificável. O pensamento reducionista atinge a verdadeira realidade, não as totalidade, mas os elementos, não as qualidades, mas as medidas, não os seres e as existências, mas os enunciados formalistas e matematizáveis.

O desvendamento da complexidade dos projetos e das ações humanas exige que os processos da natureza sejam contornados e movimentados pelos fundamentos filosóficos, políticos e socioartísticos da cultura universal. Exige também que as representações simbólicas dos processos da natureza se irradiem para fora, abarcando as diversidades culturais e as fragilidades humanas numa perspectiva educacional solidária e fraterna.

O desenvolvimento de novas abordagens e formas de organização que possibilitem compreender o "lugar" das ciências da educação nessa conjuntura, assim como as controvérsias e tendências da educação científica, é apresentado em seguida.

6.3 Ciências da educação e contemporaneidade: compromissos e desafios

O século XXI apresenta modificações radicais com novo fundamento universal: a incorporação da ecologia, enquanto paradigma universal, ao processo civilizatório. Ecologia que – enquanto processo de produção, construção e reprodução de vida – se encontra incrustada nas matrizes produtivas e ocupacionais mundiais.

É neste cenário multidimensional que educação, ciência e tecnologia rompem com seus fundamentos tradicionais, reafirmando-se como instrumentos imprescindíveis à solução de problemas complexos da humanidade.

Entretanto, a conformação política mundial hegemônica, refém do mercado niilista, imprime caráter utilitarista à educação e à ciência, fazendo com que elas, de forma contínua e sistêmica, rearticulem-se com as redes econômicas, ampliando a privatização e a dolarização mundial.

Do ponto de vista da formação econômica superior da sociedade, a propriedade privada de certos indivíduos sobre o globo terrestre é tão absurda quanto a propriedade privada do ser humano sobre outro ser humano. Mesmo a sociedade inteira, a nação, mesmo todas as sociedades coesas em conjunto não são proprietárias da Terra. São apenas possuidoras, usufrutuárias dela, e como *boni patres familia* devem legá-la melhorada às gerações posteriores (MARX, 1985, p. 239).

A história da humanidade é mais complexa do que a história da matéria. Enquanto esta isola o homem da natureza, aquela imbrica o homem nessa mesma natureza, ambos entrelaçados entre si e imersos e fundidos em substratos simbólicos assentados em sistemas de crenças que, em geral, abarcam códigos, mensagens e revelações, inspirados em projetos históricos direcionados ao bem comum, à valorização da subjetividade humana, ao exercício da tolerância e ao aperfeiçoamento das relações do homem com a natureza, consigo mesmo e com o próximo, pelo menos em tese.

A divisão da natureza entre o mundo dos vivos e o mundo dos não vivos continua sendo impasse à construção de concepção sistêmica sobre os processos da natureza. O conceito de natureza envolve não somente o que é externo ao homem; envolve também a condição humana com suas contradições, de forma sistêmica, totalizadora e articulada ao pensamento ecológico como paradigma universal (FREITAS, 2006).

Nessa ordem mundial, diversas questões complexas se incorporaram às pautas nacionais e internacionais. Destaque à:

• Desestabilização ecológica do planeta, com ênfase ao efeito estufa e à possibilidade dos recursos naturais disponíveis não atenderem às necessidades básicas das populações em 2050.

• Rápida exaustão da fecundidade dos solos com o acelerado uso de produtos químicos nas atividades agrícolas.

• Intensa pressão sobre as fontes de recursos naturais, aumentando as tensões políticas locais e regionais.

• Criação de fronteiras agrícolas em regiões estratégicas às estabilidades físico-químico-biológicas e climáticas do planeta, em particular na África Central, sudeste da Ásia e Amazônia Pan-americana.

• Colapso dos modelos econômicos baseados no uso intensivo de combustíveis fósseis e a rápida deterioração do patrimônio genético mundial.

Grande demanda energética e a necessidade de preservação ambiental agravam este quadro de incertezas. A composição destes fatores com outros secundários constituem argumentos que justificam a construção de novo contrato natural. Conjunto de compromissos, institucionalizados pelos governos e incorporados às políticas públicas nacionais, com objetivo de assegurar os instrumentos técnicos necessários à estabilidade socioecológica do planeta.

A operacionalidade técnica da noção de sustentabilidade exige a substituição da atual matriz energética. Impõe, também, a mudança dos fundamentos das políticas educacionais, em todos os níveis hierárquicos, e a formulação de novos paradigmas para as ciências e tecnologias com desdobramento em suas formas de organização.

Este cenário econômico e político é decorrente do processo de expansão do capitalismo, em especial das novas formas da dinâmica do capital, sob controle dos grupos transnacionais e dos países centrais.

Neste contexto, as ciências da educação e as ciências e tecnologias se põem como instrumentos imprescindíveis à construção do substrato material e simbólico necessário à ampliação do alcance heurístico das inovações tecnológicas, das relações entre os povos e ao aperfeiçoamento das políticas públicas.

6.4 Educação, ciência e tecnologia: Brasil-mundo e sustentabilidade

Educação e mercado põem problemas novos à Ciência e Tecnologia (CT); estas, por sua vez, recriam novos processos educacionais e realidades mercadológicas, não necessariamente nessa ordem.

A pretensão do Brasil em se firmar como principal potência ambiental do século XXI, e da Amazônia em se credenciar como principal centro de desenvolvimento sustentável do planeta, põem desafios e compromissos institucionais ao poder público com a política nacional de ciência e tecnologia e com a formação científica dos brasileiros, em todos os níveis.

Os impactos da CT nas políticas públicas básicas têm acelerado mudanças estruturantes nos programas de educação e formação de professores, pesquisadores e gestores em ciências e tecnologias. Emergem novas plataformas de formação centradas na era da sustentabilidade e da inovação. Plataformas movimentadas por tecnologias de informação e educacionais, e por mecanismos de difusão científica, coordenados em diversos fóruns nacionais e internacionais (FREITAS, 2011a).

Novas matrizes ocupacionais para as ciências, planos de cargos e salários mais consistentes e competitivos, e estratégias especiais para atender à crescente demanda de professores de ciências nos sistemas educacionais e na gestão de processos e produtos, constituem iniciativas institucionais em desenvolvimento nas regiões brasileiras.

Problemas recorrentes perpassam debates e estudos nos fóruns e nas comissões responsáveis pelas formulações dos novos projetos pedagógicos para formação de professores em ciências. Escolhas de concepções, centralidades e novas métricas curriculares põem-se como prioridade nesse debate. Conteúdos, habilidades, hierarquias, natureza, cultura, investigação, abstração, cognição, dedução, teoria, experimentação, professor, escola, aluno, sociedade, estrutura, interdisciplinaridade, taxionomia, integração temática, psicopedagogia, inovações tecnológicas, cibernética, cidadania e mercado são noções e categorias que continuarão movimentando esse processo de discussão e escolhas técnicas e políticas, constituintes dos programas de formação de professores, em especial de professores de ciências, nas próximas décadas.

Elementos do estruturalismo, behaviorismo e da obra de Piaget continuam prevalecendo nesse debate que procura apreender e incorporar as complexidades do século XXI, com desafio adicional: a inclusão, nas grades curriculares, de elementos que valorizem a condição humana.

Caso ilustrativo refere-se à discussão sobre qualidade e quantidade de conteúdos programáticos em ciências da natureza, necessários à formação do professor do Ensino Médio nessa área de conhecimento.

É importante acrescentar aos conteúdos especializados as necessárias abordagens sobre: ciências e sociedade e história; didáticas e instrumentações e práticas de ensino referenciadas pela orientação à introdução ao método científico; métodos de organização, transmissão e difusão do conhecimento; alcance metodológico e filosófico das ciências contemporâneas; e a relação das ciências com os processos sustentáveis, dentre as mais relevantes. A construção de projeto pedagógico factível que incorpore, de forma balanceada, os fundamentos de ciências e os conteúdos históricos e sociais ainda constitui desafio para os gestores e educadores (HEISENBERG, 2000).

Não se tem garantia técnica de que o profissional que integralizou os conteúdos especializados e os interdisciplinares será bom professor no Ensino Fundamental e Médio. Mas este profissional, certamente, terá compreensão sistêmica e integradora do alcance heurístico e das potencialidades reais e virtuais das ciências, de forma situada e localizada historicamente, em seu campo de atuação técnica. Seu sucesso pleno também depende de outras variáveis que não estarão, necessariamente, sob seu controle. Laboratórios, infraestrutura, material de apoio, conselhos de classe, subjetividade e desenvolvimento cognitivo dos alunos, contexto cultural, classe social, dentre outros, são elementos que não dependem exclusivamente do professor e que têm influência em suas atividades.

Pode-se afirmar que, não obstante o grande avanço no desenvolvimento das tecnologias educacionais, o professor continua sendo o principal agente do processo educacional. O sucesso de qualquer inovação educacional depende, majoritariamente, da práxis do professor em sala de aula. O contexto da escola e da família do educando, assim como seu desenvolvimento cognitivo, são exemplos de outros fatores importantes nesse processo de aprendizagem.

Merece destaque a não fragmentação excessiva das matérias ensinadas. Quando possível, a preparação dos cursos científicos a partir das leis gerais possibilitará que o aluno adquira visão integrada e sistêmica do conteúdo em foco. O entrelaçamento de conteúdos em ciência com temática tecnológica a serviço da promoção social também constitui uma dimensão educativa importante para ser exercitada com os alunos. Conservação de massa e energia, tecnologias aeroespaciais e plataformas de informação e comunicação ilustram esse tópico, ou, ainda, mecanismos de desenvolvimento limpo e sustentabilidade social e ecológica, dentre outros.

A cibernética põe inúmeras metodologias e possibilidades de processos educativos interativos, motivadores e facilitadores à aprendizagem dos alunos. O que se perde em rigor matemático se ganha em potencialização da capacidade cognitiva e de abstração dos alunos por meio de abordagens fenomenológicas. Deve-se considerar que a maioria dos alunos do Ensino Médio não será docente ou pesquisadora em ciências, o que possibilita ao professor introduzir inovações integradoras em suas aulas, tornando-as mais atrativas e instigantes.

Medidas simples podem ter grande impacto no processo de aprendizagem. O planejamento das atividades didáticas deve ser dinâmico; é mais eficiente e eficaz o professor aplicar quantas avaliações forem necessárias para medir o grau de desenvolvimento intelectual do aluno com respeito a determinado assunto, conforme estratégia definida pelo professor e coordenação. Dessa forma a qualidade é medida, também, na quantidade, potencializando melhores condições de aprendizagem e menor número de reprovações e insucessos.

6.5 Educação científica e sustentabilidade: desafios e novas institucionalidades

Aquecimento do planeta, extinção da espécie humana, miséria exacerbada, crises econômicas e ausência de democracia e desestabilização ecológica do planeta são problemas complexos da humanidade que põem nova métrica temporal e centralidade política mundial. Potencializam processos dirigidos à construção do mundo onde o homem não seja isolado da natureza, a cultura se movimente fundida à natureza e vice-versa, onde as condições subjetivas sejam tão importantes quanto as materiais que movimentam a vida e a história das pessoas, comunidades, sociedades e dos estados nacionais. Práxis que tenha como ponto de partida a origem comum da humanidade e também a construção do processo civilizatório comprometido com o mundo de e para todos, reafirmando nossa inserção social de forma solidária e responsável com a realidade socioeconômica e o futuro das localidades, regiões e da humanidade.

Mundo onde a natureza dos problemas e os problemas da natureza constituam processo de construção coletiva e participativa de suas populações, tendo na educação uma referência emblemática e na cultura o principal constituinte do processo de construção da cidadania. Entretanto, os fundamentos do pensamento ocidental conspiram contra essa concepção civilizatória. A desigualdade social, a privatização exacerbada e a exploração intensiva da natureza contribuem para esse retrocesso na história; estão postas as condições estruturantes para rupturas com esse quadro civilizatório.

Sistema de referência que se materializará por meio de nova centralidade política que impõe a emergência da sustentabilidade a partir dos programas localizados e situados, imersos numa métrica temporal que articule o tempo breve das necessidades sociais com o tempo longo das gerações e da preservação do planeta, e que constituem alicerces num processo civilizatório inovador.

Novos compromissos são postos à educação, ciência e tecnologia, à mídia e à comunicação críticas, e aos processos de organização e funcionamento do mundo do trabalho e do mercado. O Estado nacional e a sociedade se organizam para exercerem papel-chave na normatização técnica e jurídica e na legitimação política dessa nova dimensão geo-histórica do processo civilizatório.

As ressignificações dos fundamentos dos modelos de desenvolvimento econômico e do conceito de cidadania constituem desdobramentos dessas mudanças civilizatórias que têm na ecologia uma referência paradigmática, e na educação, ciência e tecnologia os elementos imprescindíveis às suas realizações.

Sustentabilidade e inclusão social; sustentabilidade e ciência, tecnologia e políticas públicas; arte; inovação e empreendedorismo; cidadania e desenvolvimento econômico situado e localizado; mudanças climáticas e mecanismos de desenvolvimento limpo; gestão ambiental e tecnologias de informação e comunicação; bioindústria; nanotecnologias; fotônica e cibernética e desenvolvimento sustentável; sustentabilidade e descentralização das instituições nacionais; e sistemas educacionais são dimensões econômicas e societárias que movimentam, em diferentes intensidades, as políticas públicas regionais e nacionais (FREITAS & CASTRO JÚNIOR, 2004).

É nesse contexto multidimensional que educação e ensino de ciências se reorganizam para darem conta de novas demandas e responsabilidades institucionais, públicas e privadas.

Exemplo ilustrativo refere-se aos desafios postos ao ensino de ciências pelas questões ambientais emergentes. Merecem destaque as tecnologias associadas aos mecanismos de desenvolvimento limpo e as políticas ambientais associadas às mudanças climáticas; os processos de gestão associados à educação ambiental e à cultura; a antropologia das técnicas; os mecanismos científicos e tecnológicos aplicados aos ciclos biogeoquímicos e aos serviços ambientais; as estratégias e metodologias dos programas de conservação e preservação de paisagens; os processos de uso do solo e os ordenamentos socioterritoriais; o monitoramento climático e a gestão integrada de biomas; e as metodologias de utilização e integração das redes meteorológicas e de recursos hídricos nas regiões, nos países e, também, no planeta.

A introdução ponderada e qualificada de conteúdos programáticos de ciências aplicadas e integradas às vocações regionais põe perspectivas positivas aos cursos científicos do Brasil. Ciência e arranjos produtivos, tecnologias apropriadas, plataformas tecnológicas, ciências ambientais e das paisagens, ciências e processos de transporte em florestas, modelagens científicas dos ciclos biogeoquímicos e ciências aplicadas à hidrologia, dentre outras, são dimensões do conhecimento científico que pesquisadores e gestores de ciências precisam materializar nos novos currículos.

Considerando os mecanismos operacionais dirigidos às mudanças estruturantes nos(as): ordenamentos territoriais e urbanos; gestão pública dos ambientes e dos fluxos de massa e energia; matrizes industriais e ocupacionais; formação de tecnólogos para gestão dos arranjos produtivos, redes e plataformas tecnológicas vocacionadas; implantação de estruturas laboratoriais consorciadas para invenção e construção de novos materiais, a partir de tecnologias *hightech* não poluentes e não depreciativas; e na organização de planos de carreira e salários mais competitivos e atraentes para os professores.

A presença transcendental da sustentabilidade nesses projetos precisa ser transformada em elementos técnicos a serem incorporados aos programas de ciências e humanidades, criando novas perspectivas técnicas e profissionais para os trabalhadores das áreas científicas e sociais.

Essas dimensões societárias inseridas na educação e nas ciências referenciam linhas temáticas gerais e específicas com ênfase aos seguintes conteúdos programáticos: sustentabilidade e novos processos metodológicos e instrumentais; epistemologia e história da ciência para formação de professores; matematização e geometrização da natureza; processos pedagógicos e instrumentação e prática educacionais; sociedade, empreendedorismo, difusão e gestão pública; sustentabilidade situada e localizada e redes mundiais; cidadania e desenvolvimento econômico; educação, sustentabilidade, sociedades do saber e cidadania, dentre outras.

Faculdades, institutos e departamentos de educação precisam romper com suas funções secundárias nos programas de formação de professores de áreas específicas. Constituem suas responsabilidades ressignificarem os sistemas, os processos e as práticas de educação, e institucionalizá-las num nível de organização além do campo disciplinar, certamente em parcerias com a sociologia e a filosofia.

Reestruturar o processo de formação de professores em ciências pressupõe: eliminar os departamentos das universidades como entidades responsáveis pela formação de professores, criando centros interdisciplinares e multitemáticos, agrupando e integrando todas as licenciaturas em ciências da natureza e em matemática; implantar e utilizar as tecnologias de convergência de forma intensiva; criar vínculos institucionais permanentes e solidários entre instituições formadoras e redes públicas e privadas de educação; assegurar planos de carreira dignos aos futuros professores; criar mecanismos de educação contínua aos futuros professores; priorizar amplo programa de difusão e popularização de ciências; garantir as condições para construção de inovações educacionais para essa nova concepção de educação científica; estabelecer novos processos avaliativos aos programas, projetos e à eficiência acadêmica dos discentes; e planejar metas e compromissos institucionais nestes programas de formação científica.

6.6 Tendências e recorrências

O conservadorismo das instituições de educação e dos programas de formação de professores e o recente processo de transição pós-crise econômica mundial potencializam a manutenção de suas matrizes. O impacto e a duração dessa vertente política ainda é objeto de controvérsias.

Portanto, a primeira tendência pressupõe a manutenção dos atuais projetos pedagógicos com pequenas adequações.

As leis científicas não têm alcance heurístico para resolver os grandes problemas postos pela humanidade ao conhecimento organizado, que também constitui parte dessa problemática. De forma ampla, o desencantamento difuso da humanidade pelas ciências e tecnologias entrelaça-se com a perspectiva positivista e pragmática, dessa mesma humanidade, com a solução desses problemas por essa mesma ciência e tecnologia. Setores influentes da sociedade e dos sistemas de educação comportam-se como autistas, como se as soluções destes problemas pudessem ser adiadas indefinidamente.

Crise ecológica e desenvolvimento econômico, mudanças climáticas e preservação ambiental, origem da vida e mercantilização da natureza, *commodities* da vida e ética, poluições exacerbadas e mecanismos de desenvolvimento limpo, ordenamento territorial e urbano e cidadania, novos materiais e biodiversidade, energia e sustentabilidade, transporte e saneamento básico, segurança alimentar e doenças tropicais, dentre outros, são problemas nas pautas científicas e tecnológicas sem perspectiva de solução em curto prazo. Suas soluções, que exigem grandes investimentos financeiros, se darão de forma fragmentada e diferenciada, em âmbito mundial, com grande dependência dos programas educacionais (FREITAS, 2011b).

Problemas que assumem dimensões locais, regionais e planetárias e que precisam ser equacionados para que se alcance novo patamar civilizatório. Essas soluções demandam abordagens multidisciplinares e maior verticalização técnica de alguns campos de conhecimento, incluindo aqueles das ciências da natureza.

Essa característica do atual processo civilizatório requer a separação do ensino da pesquisa científica pura e aplicada com a criação de novos "cluster" de programas de pesquisas induzidos à solução de problemas específicos e próprios de cada região, de cada país e também do planeta.

Logo, esse crescente setor da comunidade científica, com influência técnica e política, insiste na necessidade de se criar estruturas e programas científicos com conteúdos mais especializados, sofisticados e temáticos para que se possa compreender e resolver os problemas científicos complexos da humanidade no século XXI.

Essa segunda tendência encontra-se em processo de discussão em vários fóruns mundiais especializados. O financiamento público e privado das estruturas e dos aparelhos coletivos que movimentarão esses programas de formação técnica ainda é objeto de muitas controvérsias. Maior conectividade entre os programas de ciência e tecnologia com a matriz industrial e a crescente competitividade no mercado internacional também fortalecem essa tendência.

A terceira tendência refere-se à implantação de projetos pedagógicos com intensa interdisciplinaridade. Introdução de novas tecnologias educacionais, temáticas sociais mais impactantes e valorização dos professores com a implantação de metas e indicadores de qualidade. Essa tendência encontra-se presente nos fóruns multilaterais e nas pautas políticas na maioria dos governos. Ampliação dos orçamentos nacionais e intensificação dos programas de difusão e popularização científica e tecnológica são dimensões técnicas e políticas em curso que potencializam essa tendência.

A quarta tendência presente, de forma crescente, na maioria dos países em desenvolvimento, refere-se à formação de professores por meio de plataformas de ensino a distância. A grande demanda de professores nas redes de ensino público e privado, a interiorização das políticas públicas e a necessidade premente de melhoria de qualidade de vida e geração de empregos nas regiões rurais e mais afastadas dos grandes centros urbanos, legitimará essa tendência que tem grande impacto social e econômico. O formato modular dessa estrutura curricular não terá perfil muito distante do apresentado anteriormente; entretanto, as inovações tecnológicas necessárias ao seu desenvolvimento pleno ainda constituem grande desafio. Muitas inovações envolvem processos que têm forte dependência de aspectos culturais das comunidades, populações e/ou povos que participam do programa de formação; caso peculiar é o dos povos indígenas na Amazônia Brasileira. Uma proposta de formação científica para 70 povos indígenas do Estado do Amazonas foi apresentada no Congresso da Afirse, realizado na Unesco/Paris, em junho de 2011, em mesa-redonda específica (FREITAS & PIRES, 2011c).

Vertentes combinando aspectos presentes nas quatro tendências apresentadas anteriormente também constituem possibilidades factíveis, considerando que elas não são totalmente inconciliáveis, em certos casos, se complementam.

As tendências de educação científica apresentadas apreendem a inclusão e permanência, em diferentes graus e modos de abordagens, de temáticas sociais relevantes. Tecnologias sociais e educacionais, redes de solidariedade, ecologia, mudanças climáticas, mecanismos de desenvolvimento limpo, bioindústria, ciclos biogeoquímicos, nanotecnologia, cibernética, tecnologia espacial, geomonitoramento ambiental, arranjos produtivos e plataformas tecnológicas, processos sustentáveis, dentre outras, são temáticas que se impõem no processo de organização das matrizes educacionais. O fortalecimento das políticas de desenvolvimento sustentado oferece possibilidades concretas de estes temas serem regionalizados.

Finalmente, diversos segmentos da sociedade e setores corporativos questionam o grau de interferência das universidades e dos departamentos acadêmicos na formulação e execução dos programas de formação de professores em ciências. A pressão social e o grau de intervenção do mercado nesse processo poderão resultar em novas alternativas para o poder público, para melhor ou para pior.

A rápida e contínua privatização do ensino superior no Brasil põe elementos novos nessa discussão. A inserção do Brasil num mercado globalizado suscita, também, desafios diferenciados em sua política de inovações, que reverbera, imediatamente, no processo de formação de pesquisadores e professores em ciências, em todas as escalas.

Em âmbito mundial, o crescente fluxo financeiro em direção ao Oriente põe elementos novos em sua inserção econômica, científica e tecnológica no mercado global (ADLER, 2009). Os conteúdos com alto grau de matematização e geometrização dos currículos de ciências da China, herança de parceria com a Rússia no Período pós-Segunda Guerra Mundial, foram aprimorados e coexistem atualmente com temáticas ideológicas e religiosas como atividades constituintes e/ou complementares. A competição no mercado econômico mundial tende a imprimir mais verticalidade nessa tendência de educação científica dos países orientais. A nova geopolítica mundial com a crescente influência da China, Índia e Brasil nos fóruns políticos e econômicos mundiais, em especial nas instituições multilaterais, reforça essa orientação assim como a inclusão de temáticas sociais nas estruturas curriculares. Tendência que também reverberou na Europa.

Entre o final da Segunda Guerra Mundial e meio da década de 1970, os principais países europeus construíram programas de educação científica com conteúdos verticalizados, tomando como referência abordagens científicas mais reflexivas, à exceção de programas de pesquisa de interesse da defesa nacional. Após esse período, predominou a física mais propositiva e comprometida com as inovações tecnológicas em setores estratégicos aos estados nacionais e às suas respectivas matrizes industriais. Após tentativas de setores da comunidade científica de retomarem a tendência reflexiva dos conteúdos curriculares, uma "onda" de iniciativas institucionais e não institucionais tem reafirmado a tendência curricular mais propositiva neste século, de forma semelhante à vigente nos Estados Unidos da América (FREITAS, 2011b).

Os programas de pós-graduação, formação de professores em todos os níveis, processos de produção e gestão, dentre outros, têm sido diretamente afetados com essa nova arquitetura curricular em âmbito nacional e internacional.

Sociedades organizadas, movimentos em defesa da cidadania e do mundo mais preservado ambientalmente, gestores e instituições comprometidas com o futuro da humanidade e do planeta têm papéis políticos e técnicos imprescindíveis à condução desse processo, fundamentais ao desenvolvimento socioeconômico dos países e da humanidade. Têm, também, o compromisso de não deixar que a sustentabilidade transforme-se numa arma contra os mais fragilizados socialmente e contra a humanidade.

Referências

ADLER, A. (2009). *Le nouveau rapport de la CIA* – Comment será le monde de demain? Paris: Robert Laffont.

AGUIAR, A.P.; OMETTO, J.; NOBRE, C.; CÂMARA, G.; LONGO, K.; ALVALÁ, R. & ARAÚJO, R. (2009). *Estimativas das emissões de CO_2 por desmatamento na Amazônia Brasileira*. São José dos Campos: Inpe.

AKNIN, A.; GERONIMI, V.; SCHEMBRI, P.; FROGER, G. & MERAL, P. (2002). "Environnememt et développement – Quelques réflexions autour du concept de 'developpement durable'". In: MARTIN, J.-Y. (org.). *Developpement durable?* – Doctrines, pratiques, évaluations. Paris: IRD, p. 51-71.

ANTONY, L.M.K. (1997). "Abundância e distribuição vertical da fauna do solo de ecossistemas amazônicos naturais e modificados". In: LUIZÃO, F.J. *Projeto Bionte: biomassa e nutrientes florestais* – Relatório final. Manaus: Inpa.

AUGER, P. (1990). *Problemas da Física moderna*. São Paulo: Perspectiva.

BACHELARD, G. (1996). *Le novel esprit scientifique*. Paris: PUF.

_____. (1996). *La Formation de l'esprit scientifique*. Paris: Vrin.

"Bilan du Monde" (2002). *Le Monde*. Paris.

BITSAKS, E. (2001). *La nature dans la pensee dialectique*. Paris: L'Harmattan, p. 371.

BOBIN, J.-L.; NIEFERRECKER, H. & STEPHAN, C. (2001). *L'énergie dans le monde:* bilan et perspetives. Paris: EDP.

BORN, M. (1990). *Problemas da Física moderna*. São Paulo: Perspectiva.

BOURG, D. (2002). " Les fondements du développement durable: la limite et les fins". In: DUCROUX, A.-M. (org.). *Les nouveaux utopistes du développement durable*. [s.l.]: Autrement, p. 244-249 [Collection Mutations].

CALIXTO, J.B. (2000). *Ciência Hoje*, vol. 28, n. 167, p. 36-43.

COLLOMB, P. (2000). "Quelle sécurité alimentaire pour les pays en développement em 2050?". In: BINDE. J. (org.). *Les clés du XXI siècle*. Paris: Unesco/Seuil, p. 129-130.

CARNOY, M. (1999). *Mondialisation et réforme de l'éducation:* ce que les planificateurs doivent savoir. Paris: Unesco, p. 41-51.

CORRÊA DA SILVA, M. (2002). *Metamorfoses da Amazônia*. Manaus: Edua.

CRUTZEN, P.J. & ANDREAE, M.O. (1990). "Biomass Burning in the Tropics: Impact on Atmospheric Chemistry and Biogeochemical Cycles". Science, vol. 250.

CRUVINEL, T. (2000). *A Crítica*, 29/04 [jornal publicado regularmente em Manaus].

DALLMEIER, F. (2000). "Biodiversity: Earth's most important and most threatened asset". In: *Reunión Internacional de Expertos en Educación Ambiental* – Nuevas propuestas para la acción. Santiago de Compostela, nov., p. 453-470.

DELPECH, T. (2002). "Politique du caos: l'autre face de la mondialisation". *La Republique des Idees*. Paris: Seuil.

Diário do Amazonas (2011). "Mais de 648 mil amazonenses estão abaixo da linha de pobreza, aponta IBGE". Manaus, 06/10, p. 14.

DORTIER, J.-F. (2001). "Darwinisme: une pensée en évolution". *Sciences Humaines*, n. 19, ago.-set., p. 24-29.

DUBOIS, J.-L. & MAHIEU, F.-R. (2002). "La dimension sociale du développement durable: réduction de la pauvreté ou durabilité sociale?" In: MARTIN, J.-Y. (org.). *Developpement durable*?: doctrines, pratiques, évaluations. Paris: IRD, p. 73-94.

FAUCHEUX, S.; PEARCE, D. & PROOPS, J. (2001), apud LEVALERT, F. "Les modèles économiques du developpent durable sous le feu de l'interdisciplinarité: quelques éléments de réflexion". In: JOLLIVET, M. (org.). *Le développement durable, de l'utopie au concept*. Paris: Elsevier, p. 215-242.

FREITAS, M. (2011a). "Política de Estado de CT&I para o desenvolvimento sustentável da amazônia: fundamentos, diretrizes, propostas e compromissos". *Anais da IV Conferência Nacional de Ciência e Tecnologia*. Brasília, 26-28/052010 [Disponível em www.mct.gov.br].

_____ (2011b). "XIX Snef – Ensino de Ciências, Amazônia e o paradigma da sustentabilidade: novas abordagens e processos de organização". *Revista Brasileira de Ensino de Física*, abr.

_____ (2009). "Uma nova concepção estética de mundo e as ciências da educação". *IV Colóquio da Afirse*. Natal, 26-28/09/2007.

_____ (2008a). "Fundamental references from the Western culture". *International Review of Sociology*, vol. 18, n. 2, p. 211-224.

_____ (2008b). "The deadlocks of the Western culture and the Amazon Region". *Electronic Journal of Sociology*, p. 1-24.

_____ (2007). *Projeções estéticas da Amazônia*: um olhar para o futuro. Manaus: Valer.

_____ (2006). *Relatório sobre as demandas de CT&I dos estados da Amazônia Brasileira*. [s.n.t.].

_____ (2002). "Amazonia: the nature of the problems and the problems of the nature". *International Review of Sociology* – Revue Internationale de Sociologie 12(3), p. 363-388.

_____ (s.d.). *Ciência, religião e Amazônia*: convergências, rupturas e sustentabilidade. [s.n.t.].

FREITAS, M. & CASTRO JÚNIOR, W.E. (2004). *Amazônia e desenvolvimento sustentável*. Petrópolis: Vozes.

FREITAS, M. & FREITAS, M.C. (2013). "Sustainability, Amazonia, and environment; propositions and challenges". *The International Journal of Environmental Studies*, vol. 70, n. 4, p. 467-476.

FREITAS, M.; FREITAS, M.C.S. & MARMOZ, L. (2003). *A ilusão da sustentabilidade*. Manus: Edua.

FREITAS, M. & PIRES, J. (2011c). "Formation scientifique des peuples amérindiens d'Amazonie et durabilité: proposition et engagements". *Congrès de l'Afirse: la recherche en éducation dans le monde, où en sommes-nous? – Thèmes, méthodologies et politiques de recherche*". Paris, 14-17/06/2011.

FREITAS, M. & SILVA FREITAS, M.C. (2014). "Fragments of utopias from the twenty-first century and Amazonia: projections and controversies". *Innovation*: The European Journal of Social Science Research, vol. 27, n. 3, p. 275-294.

_____ (2013). *Sustainability:* Man-Amazonia-World. Baltimore: America Star Books.

GODARD, O. (1997). "O desenvolvimento sustentável: paisagem intelectual". In: CASTRO, E. & PINTON, F. (orgs.). *Faces do trópico úmido* – Conceitos e questões sobre desenvolvimento e meio ambiente. Belém: Ufpa/Naea/Cejup, p. 446.

GRAY, A. (1989). "O impacto da conservação da biodiversidade sobre os povos indígenas". In: SILVA, A.L. & GRUPIONI, L.D.B. (orgs.). *A temática indígena na escola*. Brasília: MEC/Mari/Unesco, 1995, p. 109.

HABERLANDT, M. (1929). *Etnografia*: estudio general de las razas. 2. ed. Barcelona: Labor, p. 29-30.

HEISENBERG, W. (2000). *La nature dans la physique*. Paris: Gallimard.

_____ (1990). *Problemas da Física moderna*. São Paulo: Perspectiva.

HIGUCHI, N. (2007). *Carbono da vegetação do Estado do Amazonas* [Documento sobre estoque de carbono na Amazônia]. Manaus.

HOURS, B. (2002). "Le développement durable, instrument d'intégration globale". In: MARTIN: J.-Y. (org.). *Developpement durable?*: doctrines, pratiques, évaluations. Paris: IRD, p. 289-297.

HOWARTH, R.B. (1997). Defining Sustainaibility: An Overview. Apud LEVALERT, F. "Les modèles économiques du developpent durable sous le feu de l'interdisciplinarité: quelques éléments de réflexion". In: JOLLIVET, M. (org.). *Le développement durable, de l'utopie au concept*. Paris: Elsevier, 2001.

HURWIC, A. (1990). *A Física*. São Paulo: Loyola, p. 13.

IPCC (2007). *Working Group II Contribution to the Intergovernmental Panel on Climate Change 2007:* Climate Change Impacts, Adaptation and Vulnerability. Bruxelas, abr.

_____ (2007). *Climate Change 2007:* The Physical Science Basis. Paris, fev.

JACOB, F. (2002). "Q'est-ce que la vie? – Université de tous les savoirs". In: MICHAUD, Y. (org.). *La Vie*. Vol. 4. Paris: Odile Jacob.

JONAS, H. (1990). *Le principe responsabilite*. Paris: Champs Flammarion, p. 30-56.

KELLER, M.; GOREAU, T.J.; KAPLAN, W.A. & McELROY, M.B. (1983). "Production of Nitrous Oxide and Consumption of Methane by Forest Soils". *Geophysical Research Letters*, vol. 10, n. 12, p. 1.156-1.159.

KUHN, T. (1998). *La Struture des révolutions scientifiques*. Paris: Champs--Flammarion.

LANGON, M. (2001). "Pauvrete". In: BERNARD, F. (org.). *Dictionnaire Critique de la Mondialisation*. Paris: Le Pré aux Clercs, p. 289.

LA ROVERE, E.L. (1999). "Impasse na proteção do clima – Opinião". *Ciência Hoje*, vol. 25, n. 146, p. 52-55.

LARRÈRE, C. & LARRÈRE, R. (1997). *Du bom usage da la nature*. Paris: Alto Aubier.

LEVEQUE, C. (1997). *La Biodiversité*. Paris: Presses Universitaires de France, p. 54-56.

LIPIETZ, A. (1997). "Conceitos e questões sobre desenvolvimento e meio ambiente". In: CASTRO, E. & PINTON, F. (orgs.). *Faces do trópico úmido*. Belém: Cejup, p. 149-152.

MANZI, A.O. & LUIZÃO, F. (2006). *Projeto de criação do Programa de Doutorado e Mestrado "Clima e Ambiente"*. [s.n.t.].

MARMOZ, L. (1984). *L'inefficacite croissante de lénseignement en France – Application de La notion de pauperisation á l'analyse de l'education*. Universidade de Caen [Tese de doutorado].

MARX, K. (1985). *O capital* – Crítica da economia política. Vol. III, Tomo 2. São Paulo: Abril, p. 237.

MEUNIER, O. & FREITAS, M. (2005). "Culturas, técnicas, educação e ambiente: uma abordagem histórica do desenvolvimento sustentável". In: FREITAS, M. (coord.). *Amazônia* – A natureza dos problemas e os problemas da natureza. Manaus: Edua.

MIRANDA, E.E. (2010) [Texto disponível em brasilatual.com.br – Acesso em 15/01/2010].

MORIN, E. (2000a). "Réforme de La pensée et éducation au XXIe siècle". In: BINDÉ, J. (org.). *Les clés du XXI siècle*. Paris: Unesco/Seuil.

MORIN, E. (2000b). *Les sept savoirs necessaires à l'éducation du futur*. Paris: Du Seuil.

_____ (1990). *Science avec conscience*. Paris: Du Seuil.

ONU (2009). *Relatório sobre a 15ª Conferência das Nações Unidas sobre Mudança do Clima*. Copenhaguen, 12-19/12 [Disponível em www.un.org – Acesso em 22/09/2013].

_____ (2002). "Plano de implementação de desenvolvimento sustentável". *Encontro de Desenvolvimento Sustentável*. Joanesburgo [Disponível em www.un.org].

POPPER, K. (1992). *La logique de la découverte scientifique*. Paris: Hermann.

PRIGOGINE, I. (1996). *O fim das certezas* – Tempo, caos e as leis da natureza. São Paulo: Unesp, p. 170-199.

REED, D. & ROSA, H. (2001). *Economic Reforms, Globalization, Poverty and the Environment* – According to the electronic address of the ONU [Disponível em htpp://www.un.org].

Relatório do Encontro Estadual de CT&I do Amazonas (2010). Manaus: Secretaria de Ciência e Tecnologia do Estado do Amazonas/Universidade do Estado do Amazonas.

RIBEIRO, J.E.L.S. et al. (1999). *Flora da Reserva Ducke* – Guia de identificação das plantas vasculares de uma floresta de terra-firme na Amazônia Central. Manaus: Midas Printing.

SACHS, I. (2002). "Une civilisation de l'etre". In: DUCROUX, A.-M. (org.). *Les nouveaux utopistes du développement durable*. [s.l.]: Autrement [Collection Mutations].

SALAM, A. (2001). "Le sous-développement, ce 'génocide silencieux'". *Le Courier-Unesco*, dez., p. 17-18. Paris.

SALATI, E.; JUNK, W.; SHUBART, H. & ENGRÁCIA, A. (1983). *Amazônia*: desenvolvimento, integração e ecologia. São Paulo: Brasiliense.

SALOMON, J.J. (2001). "La fabrique de l'homme nouveau". In: FERENCZI, T. (coord.). *Critique du bio-pouvoir*. [s.l.]: Complexe.

SCHRÖDINGER, E. (1990). *Problemas da Física moderna*. São Paulo: Perspectiva.

"Sciences humaines" (2000). *La croissance*, n. 105, mai., p. 42.

SECT (2010). *Relatório do Encontro Estadual de CT&I do Amazonas*. Manaus: Secretaria de Ciência e Tecnologia do Estado do Amazonas.

SEN, A. (2001). *Éthique et économie*. Paris: PUF.

SILK, J. (1988). *O big bang* – A origem do universo. Brasília: UnB, p. 40, 83-117 [Trad. de Fernando D.P.B. Vieira].

SILVA, M.C. (2013). *Metamorfoses da Amazônia*. 2. ed. Manaus: Valer.

SIOLI, H. (1991). *Amazônia*: fundamentos da ecologia da maior região de florestas tropicais. 3. ed. Petrópolis: Vozes.

SUFRAMA (2011) [Disponível em www.suframa.com.br – Acesso em 04/01/2011].

SZENTES, T. (1978). *Economia política do subdesenvolvimento*. [Portugal]: Novo Curso, p. 152.

TERENA, J. (1996). "A biodiversidade segundo um índio". *Jornal Porantim*, p. 10, abr. Manaus.

THEYS, J. (2001). "À la recherche du developpement durable: un détour par les indicateurs". In: JOLLIVET, M. (ed.). *Le développement durable, de l'utopie au concept*. Paris: Elsevier.

TODOROV, T. (1993). *A conquista da América:* a questão do outro. São Paulo: Martins Fontes, p. 10.

UNESCO (2005). *Rapport Mondial de l'Unesco* – Vers lês societes du savoir. Paris: Unesco.

_____ (2000). *Conférence mondiale sur la science* – La science pour le XXIe: un nouvel engagement. Paris: Unesco.

VIVIEN, F. (2001). *Histoire d'un mot, histoire d'une idée:* le développement durable à l'épreuve du temps. Paris: Elsevier, p. 19-60.

WACQUANT, L.J.D. (1993). "De l'Amérique comme utopie à l'envers". In: BOURDIEU, P. (org.). *La misere du monde*. Paris: Du Seuil, p. 274.

WATSON, J.D. & CRICK, H.C. (1953). "A Struture for Deoxyribose Nucleic Acid". Nature, vol. 171, 02/04, p. 737.

WORLD BANK (2012). *World's GDP* [Disponível em worldbank.com – Acesso em 13/03/2014].

_____ (2001). *Draft*: Sustainable Food Security For All By 2020, 23/08. [s.l.]. International Food Policy Research Institute [Disponível em www.Ifpri.org].

WORLD ENERGY COUNCIL (2001). *Princing Energy in developing countries* [Disponível em www.wec-italia.org].

Índice

Sumário, 11

Parte I – Sustentabilidade e cultura – Desenvolvimento sustentável e o século XXI: fundamentos e tendências, 13

1 Desenvolvimento sustentável: Brasil-homem-futuro, 15

   1.1 Esclarecimentos e contornos, 15

   1.2 Diálogos com a sustentabilidade: Brasil-homem-mundo, 16

   1.3 Economia, ciência e tecnologia: em direção à sustentabilidade, 22

   1.4 Metamorfoses da sustentabilidade, 30

2 Ecologia e desenvolvimento sustentável: impasses e controvérsias – Eixo condutor, 44

   2.1 Desenvolvimento sustentável: fundamentos e proposituras, 45

   2.2 Ecologia, economia e sustentabilidade, 51

   2.3 Sustentabilidade e processos sociais: nexos e compromissos, 55

Parte II – Sustentabilidade e ciência – Desenvolvimento sustentável e Amazônia: fundamentos, diretrizes, propostas e compromissos, 61

3 Sustentabilidade e Amazônia: fundamentos e diretrizes – Nova concepção estética de mundo-Brasil: gênese e fundamentos, 63

   3.1 Sustentabilidade-mundo: nosso futuro comum, 64

   3.2 Cidadania e desenvolvimento econômico: novos nexos e sentidos, 66

   3.3 O IPCC e o século XXI: problemas e tendências, 75

   3.4 Brasil e sustentabilidade: nexos com as sociedades do saber, 77

   3.5 Brasil-Amazônia e sustentabilidade: Quem somos nós?, 78

4 Desenvolvimento sustentável e Amazônia: contradições e propostas – Projeções estéticas da Amazônia, 86

    4.1 Amazônia, mudanças climáticas e a diplomacia brasileira: o fio condutor, 86

    4.2 O Estado do Amazonas e o IPCC: representações materiais e simbólicas, 89

    4.3 Agenda de ciência e tecnologia para os estados da Amazônia, 95

    4.4 Desenvolvimento sustentável e Amazônia: ciência e tecnologia com inclusão social, 99

    4.5 Ciência e tecnologia e Amazônia: prioridades e compromissos, 102

    4.6 Amazônia-Brasil e a sustentabilidade situada e localizada: problemas e impasses, 109

    4.7 Carta de compromissos de ciência e tecnologia pela Amazônia sustentável, 110

Parte III – Sustentabilidade e cidadania – Desenvolvimento sustentável e cidadania: rupturas e ressonâncias institucionais, 113

5 Desenvolvimento sustentável no século XXI: desafios e compromissos – Centralidades e impasses, 115

    5.1 Desenvolvimento sustentável e rupturas institucionais: arquitetura e contornos, 116

    5.2 Desenvolvimento sustentável e utopias no século XXI: formulações e práxis, 121

6 Educação científica e processos da natureza: disjunções e ressonâncias institucionais – Questões relevantes da Modernidade, 126

    6.1 Reflexões e reverberações científicas: fragmentos de complexidade, 126

    6.2 As ciências da educação e os contornos dos processos da natureza, 134

    6.3 Ciências da educação e contemporaneidade: compromissos e desafios, 136

    6.4 Educação, ciência e tecnologia: Brasil-mundo e sustentabilidade, 138

6.5 Educação científica e sustentabilidade: desafios e novas institucionalidades, 141

6.6 Tendências e recorrências, 143

Referências, 149

CULTURAL

Administração
Antropologia
Biografias
Comunicação
Dinâmicas e Jogos
Ecologia e Meio Ambiente
Educação e Pedagogia
Filosofia
História
Letras e Literatura
Obras de referência
Política
Psicologia
Saúde e Nutrição
Serviço Social e Trabalho
Sociologia

CATEQUÉTICO PASTORAL

Catequese
Geral
Crisma
Primeira Eucaristia

Pastoral
Geral
Sacramental
Familiar
Social
Ensino Religioso Escolar

TEOLÓGICO ESPIRITUAL

Biografias
Devocionários
Espiritualidade e Mística
Espiritualidade Mariana
Franciscanismo
Autoconhecimento
Liturgia
Obras de referência
Sagrada Escritura e Livros Apócrifos

Teologia
Bíblica
Histórica
Prática
Sistemática

REVISTAS

Concilium
Estudos Bíblicos
Grande Sinal
REB (Revista Eclesiástica Brasileira)
SEDOC (Serviço de Documentação)

VOZES NOBILIS

Uma linha editorial especial, com importantes autores, alto valor agregado e qualidade superior.

VOZES DE BOLSO

Obras clássicas de Ciências Humanas em formato de bolso.

PRODUTOS SAZONAIS

Folhinha do Sagrado Coração de Jesus
Calendário de mesa do Sagrado Coração de Jesus
Agenda do Sagrado Coração de Jesus
Almanaque Santo Antônio
Agendinha
Diário Vozes
Meditações para o dia a dia
Encontro diário com Deus
Guia Litúrgico

CADASTRE-SE
www.vozes.com.br

EDITORA VOZES LTDA.
Rua Frei Luís, 100 – Centro – Cep 25689-900 – Petrópolis, RJ
Tel.: (24) 2233-9000 – Fax: (24) 2231-4676 – E-mail: vendas@vozes.com.br

UNIDADES NO BRASIL: Belo Horizonte, MG – Brasília, DF – Campinas, SP – Cuiabá, MT
Curitiba, PR – Florianópolis, SC – Fortaleza, CE – Goiânia, GO – Juiz de Fora, MG
Manaus, AM – Petrópolis, RJ – Porto Alegre, RS – Recife, PE – Rio de Janeiro, RJ
Salvador, BA – São Paulo, SP